必ず結果が出る ブログ運営テクニック100

プロ・ブロガーが教える"俺メディア"の極意

Facebook Twitter を使いこなす 自分の「ホーム」の作り方

コグレマサト（ネタフル）

するぷ（和洋風◎）

月間100万PVを稼ぐ2人のテクニックをすべて公開!!

はじめに

　こんにちは。ブログ「ネタフル」のコグレマサトです。ぼくは、ブログからの収入で生活している「プロ・ブロガー」です。本書では、同じくプロ・ブロガーである「和洋風◎」のするぷさんと2人で、ブログのテクニックをたっぷり100本お伝えします。

　ぼくは1997年にメールマガジンで「インターネットにコンテンツを書く」ことを始め、2003年にブログに移行し、2006年にプロ・ブロガーとして独立しました。そして今、2012年に、これまでのテクニックを本としてまとめることには、何か時代の区切りをつける意義があるように感じています。

　近年、マスメディアではTwitterやFacebookなどソーシャルメディアがもっぱら話題ですが、一方で、ぼくはブログの書き方や、ブログで収入を得る方法について質問される機会が増えています。Webで自分の考えや経験をしっかりと書き、伝えるには、ソーシャルメディアだけでは力不足です。厳しい時代の動きもあってか、ブログで自分のメディアを持ち、そこから、収入に限らず人脈なども含め、生きる糧を得ることを真剣に考える人が増えているのだと思います。

　また、ぼくよりもちょうどひと回り（12歳）若いするぷさんと出会ったことも、大きなきっかけになりました。これからの時代、若い世代の人たちが生き方を考えるとき、ブログという手段を使いこなせることは、かなりの強みになるはずです。

　ブログの目的、ブログを書いてめざしたいことは、人それぞれです。本書ではブログで食べていくプロ・ブロガーに必要なテクニックを収録していますが、本業の役に立てるためにブログを書きたいという人、セルフブランディングのためにブログを書く人、副業としてブログから収入を得たい人など、あらゆる目的を持つブロガーに役立つものとなっています。

　おそらく、日本には、まだ数えるほどしかプロ・ブロガーはいないと思います。しかし、ブログの可能性に注目している人は多くなっているはずです。そうした人たちのために、役立つアプリやサービス、それらを組み合わせるアイデア、考え方など、近道になる情報を提供したいと思います。

　本書の執筆にあたり、第3の著者とも言えるくらいの存在感を発揮してくださった、編集者でありブロガーの山田氏に感謝いたします。ありがとうございました。

　多くのブロガーに手に取っていただき、新しいテクニックや、ブログを通じて開ける未知の世界があることを知っていただけたら、こんなにうれしいことはありません！

　Keep on blogging.

2012年2月
著者を代表して　コグレマサト

目次

はじめに —————————————————————— 002
目次 ———————————————————————— 003

Chapter 01 ‖ソーシャルメディア時代に存在感を増すブログ 007

ブログはソーシャルメディア時代の「ホーム」になる ——————— 008
「仲間」と「収入」をブログの目標に設定する ————————————— 010
「まだ自分を知らない人」に向けて書くことからすべてが始まる ——— 012
ブログの環境を再点検しよう ————————————————————— 014

Chapter 02 ‖ブログを書き続けるためのスタイルを身につける 017

[01] 毎日ブログを更新するためのルールを決めよう ———————— 018
[02] ブログを「楽しんで書く」ことを大切にしよう ————————— 020
[03] ネタ集めの効率を「Googleリーダー」で上げる ————————— 022
[04] メールマガジンを「斜め読み」で活用する ——————————— 024
[05] 「まとめ」や「キュレーション」サービスの情報をうまく取り込む —— 026
[06] リアルタイムに「話題のネタ」をみつける嗅覚を磨く ————— 028
[07] 「Instapaper」にあとでまとめて読むネタを集める ——————— 030
[08] SEOを考えて検索されやすいキーワードをタイトルに入れる —— 032
[09] 思わず本文を読みたくなるフレーズをタイトルに加える ———— 034
[10] 記事の中で伝えたい要素は必ず1点だけに絞る ————————— 036
[11] 記事に視覚的なメリハリをつけて読みやすくする ——————— 038
[12] 公開した記事を読み返してミスを修正する ——————————— 040
[13] 「ネガティブな記事は自分に跳ね返ってくる」と得る ————— 042
[14] 「ブログエディター」を利用して記事の執筆や管理を効率化する — 044
[15] よく使うフレーズの入力を「TextExpander」でラクにする ——— 048
[16] Webページからの引用やリンクを「ブックマークレット」でラクにする — 050
[17] ブログの記事作成に役立つ拡張機能でブラウザーを強化する —— 054
[18] ブログ向けのデジタルカメラは「コンパクト」+「マクロ性能」で選ぶ — 056
[19] 手軽なキャプチャーアプリ「Jing」で画面写真を撮影する ——— 058
[20] ブログの写真はできるだけ自分のサーバーに置く ——————— 060
[21] 写真の編集に「Photo editor online」を利用する ———————— 062
[22] たくさんの写真を記事に使うときはアプリで一括処理する ——— 064

Chapter 02

- [23] 無料写真素材サービス「足成」の写真を使って記事をいろどる ─ 066
- [24] ブロガーのモバイルパソコンはバッテリー重視で選ぶ ─ 068
- [25] 外出先でもブログを投稿するために通信回線を確保する ─ 070
- [26] 「Dropbox」「Evernote」はブロガー必須のサービスだと心得る ─ 072
- [27] スマートフォンからブログを更新できるようにする ─ 074
- [28] スマートフォンでブログを書くために強力なテキストエディターを導入する ─ 076
- [29] iPhone／iPad用のブログエディター「するぷろ」を利用する ─ 078
- [30] ブログの表示をスマートフォン対応にする ─ 082
- [31] もう1本記事を読んでもらうためのブログパーツを使う ─ 084
- [32] 「Google Analytics」でアクセス解析のレポートを毎日見る ─ 086
- [33] Google Analyticsの「リアルタイム」で記事公開後の反響をチェックする ─ 088
- [34] Googleはブログをどう見ているか「ウェブマスターツール」で確認する ─ 090
- [35] 「ChartBeat」でリアルタイムのアクセス状況を詳しく見る ─ 092
- [36] スマートフォンでGoogle AnalyticsやChartBeatのデータを見る ─ 094
- [37] よく読まれている記事の関連記事を書く ─ 096
- [38] 読まれなかった記事の原因を洗い出し、もういちど書いてみる ─ 098
- [39] コメントや質問の多かった記事の「続き」を書く ─ 100
- [40] 力を入れて書いたテーマの「まとめ」記事を書く ─ 102

Chapter 03

ソーシャルメディアと連携して仲間を増やす 105

- [41] Twitter、Facebookを中心にソーシャルメディアとブログを連携しよう ─ 106
- [42] ソーシャルメディアでのアイコンとアカウント名は統一する ─ 108
- [43] ブログのキャッチコピーや決まり文句を作る ─ 110
- [44] エゴサーチ＋「Googleアラート」でブログへの言及を調べる ─ 112
- [45] Twitter、Facebook、Google+でエゴサーチをする ─ 114
- [46] 「Klout」でソーシャルメディアでの自分の影響力を知る ─ 116
- [47] ソーシャルメディアで知り合った人と会うときのために「ブロガー名刺」を作る ─ 118
- [48] 反応をたくさんもらうため「ツイート」「いいね！」「+1」ボタンを設置する ─ 120
- [49] Twitterから読者を獲得するため新着記事を自動投稿する ─ 122
- [50] Twitterで話題になった記事を「Topsy」のブログパーツで紹介する ─ 124
- [51] ブログのFacebook出張所として「Facebookページ」を作る ─ 126

Chapter 03

- [52]「RSS Graffiti」でFacebookに新着記事を自動投稿する ― 128
- [53] 高機能な「Facebookコメント」をブログのコメント欄にする ― 130
- [54]「FBLkit」のブログパーツで「いいね！」が多い記事を紹介する ― 134
- [55] Facebookの「ソーシャルプラグイン」を利用する ― 136
- [56] ブログの「Google＋ページ」や「mixiページ」を作る ― 138
- [57] はてなブックマークのボタンをブログに設置する ― 140
- [58] 他のブログの記事をソーシャルメディアで積極的に共有する ― 142
- [59] 複数のソーシャルメディアとつながる「zenback」を設置する ― 144
- [60] 多機能なツールバー型ブログパーツ「Wibiya」を設置する ― 146
- [61] ローソン「シェアして♪ガジェット」で記事を共有しやすくする ― 148
- [62] みんながソーシャルメディアにアクセスする時間帯を狙う ― 150
- [63] 記事への反応に対して返事を送り、コミュニケーションする ― 152
- [64] ソーシャルメディアのスマートフォンアプリで反応をチェックする ― 154
- [65] コメントに対応しすぎて疲れてしまうことを防ぐ ― 156
- [66] 個人的でささいなことを、ソーシャルメディアで共有する ― 158
- [67] 気になるブロガーと思い切って実際に会う ― 160
- [68] ブロガー仲間と楽しいコラボレーション企画をする ― 162
- [69] 献本やレビュー依頼などは本当に興味のあるものだけを受ける ― 164
- [70] 苦手な相手とは距離を取りストレスを避ける ― 166

Chapter 04

アフィリエイトでブログから収入を得る　169

- [71] ブログのアフィリエイトは「動的広告」＋「商品紹介」を中心にしよう ― 170
- [72] 最重要の広告「Google AdSense」をブログに設置する ― 172
- [73] より収入が増える広告ユニットのデザインや位置を工夫する ― 174
- [74]「検索向けAdSense」で便利なサイト内検索を提供する ― 176
- [75]「フィード向けAdSense」でフィードの中に広告を表示する ― 178
- [76] Google AdSenseで不適切な広告のブロックと代替広告の設定をする ― 180
- [77] Google AdSenseのパフォーマンスレポートで広告の効果測定をする ― 182
- [78] Google AdSenseとGoogle Analyticsをリンクさせて詳細な分析をする ― 184
- [79] Google AdSenseの効果測定をGoogle Chrome拡張機能で快適にする ― 186
- [80] 書籍やCD、ガジェット系商品に強い「Amazonアソシエイト」を利用する ― 188
- [81]「アソシエイトツールバー」でAmazonアソシエイトを簡単に利用する ― 190
- [82]「ブログ画像ゲッター」でAmazonの商品画像を利用する ― 192

Chapter 04

- [83] 自動で紹介する商品が変わる「Amazonおまかせリンク」を設置する ── 194
- [84] Amazonアソシエイトのレポートで、紹介した商品の売れ行きを見る ── 196
- [85] 約9000万点の商品が選べる「楽天アフィリエイト」を利用する ── 198
- [86] 楽天アフィリエイトのリンクを「楽チンリンク作成」で簡単に作る ── 200
- [87] 楽天アフィリエイトの成果レポート、確定・報酬レポートを確認する ── 202
- [88] ブログのテーマに合わせた専門性の高いアフィリエイトサービスに登録する ── 204
- [89] 「AppStoreHelper」でiPhone／Macアプリのリンクを簡単に作成する ── 206
- [90] 「Live!Ads」でYahoo!オークションなどの商品を紹介する ── 208
- [91] 高度な管理ができる「DoubleClick for Publishersスタンダード」を利用する ── 210
- [92] 強力なショップ横断リンク作成ツール「カエレバ」「ヨメレバ」を利用する ── 212
- [93] よく使うアフィリエイトのタグはEvernoteにまとめてラクをする ── 214
- [94] 商品の紹介リンクは、読者の利便性を考えて設置する ── 216
- [95] アクセス解析で検索キーワードを調べ、売れそうな商品を探す ── 218
- [96] 商品が売れる記事を分析して「響いた言葉」は何だったのかを考える ── 220
- [97] 有料での記事執筆依頼には注意して対応する ── 222
- [98] デザインと広告のバランスを取るため、納得できる方針を決める ── 224
- [99] 変化を先取りして広告の入れ替えやデザインの模様替えをする ── 226
- [100] アフィリエイトの収入を確定申告する ── 228

Chapter 05

ブロガーがめざすゴールの形　231

- 定期的に振り返りながらブログを成長させよう ── 232
- 「ブログで食べる」ことは誰にでも可能？ ── 234
- 索引 ── 237

無料PDFダウンロードのお知らせ

本書をお買い上げの方は、無料の電子書籍版（PDFファイル）をダウンロードしていただけます。
以下のURLにアクセスして、画面の指示に従い操作を行ってください。

http://www.impressjapan.jp/books/3177

本文中の製品名およびサービス名は、一般に各開発メーカーおよびサービス提供元の商標または登録商標です。なお、本文中に™および©マークは明記していません。
本書で紹介している情報は、すべて2012年2月現在のものです。本書の発売後、ハードウェアやソフトウェア、サービスの内容、価格、WebサイトのURLなどは変更される可能性があります。

Chapter 01

ソーシャルメディア時代に存在感を増すブログ

Twitter、Facebook、Google+などソーシャルメディア全盛の今だからこそ、ブログが持てる役割、ブログにできることがあります。本章では、今ブログを書くことの目的を確認し、基本的な準備を整えます。

ブログはソーシャルメディア時代の「ホーム」になる

ソーシャルメディアとブログの関係を見直しましょう。一時のブームをすぎても使われ続けるブログの意義や、役割を確認します。

> **ブログ**
> 「Web+Log」の造語。Web上の日記、エッセイなどのコンテンツやサイトのことを指す。本書では、ブログ用に開発されたソフトウェア（ブログツール）で運営されているWebサイトの名称として使用する
>
> **ソーシャルメディア**
> ユーザー参加型で、社会的な人のネットワークが生成されるWebメディア。本書では、mixiなどのSNS、Twitter、Facebook、Google+など、ブログではない、コミュニケーション機能を中心としたWebサービスの総称として使用する
>
> **ログ**
> 「記録」のこと。ITが普及した現代では、Webサイトのアクセスログ、電子マネーの利用記録など、さまざまなログが存在する。Webにユーザーが投稿した内容も「ログ」と呼ばれることがある

∥ブログとソーシャルメディアが相乗効果を生む

ぼくがブログ「ネタフル」を始めたのは、2003年7月です。今年（2012年）の7月をすぎれば、ブログを書き始めてから10年目（！）ということになります。

世間で「ブログブーム」と言われたのは2005年ごろでしたが、近年はTwitterやFacebookなどのソーシャルメディアがブームで、ブログは「過去のもの」と思われることも多いかもしれません。

しかし、そうではないのです。各種ソーシャルメディアを使いこなしながら、同時に10年近くブログを続けている人はおおぜいいます。また、ソーシャルメディアを楽しんでいるうちにブログも始めた、という人も少なくありません。ソーシャルメディアで有名な人、活躍している人の多くは、自分のブログも持っています。

ブログとソーシャルメディアは、どちらも「ネット発のブームになったもの」で「ユーザーが情報発信するツール」という点では共通するものの、本質的には似て非なるものです。そして、両者をうまく組み合わせることで、大きな相乗効果を生み出すことができます。

∥大事な「ログ」は自分でコントロールすべき！

Webでは「ログ（Log：記録）」がとても大きな価値を持ちます。ログにはTwitterのツイート、Facebookでの投稿、ブログの記事などのユーザーが能動的に書いたものの他、アクセスログ（履歴）や検索履歴のような、ユーザーの行動を自動的に記録したものまでも含みますが、ここでは主に前者を指します。

例えばぼくが、毎週Jリーグの「浦和レッズ」の試合を観に行ったことをツイートしたり、ブログに書いたりすることで、ぼくの浦和レッズに関するログが蓄積されます。そして、それを読んだ人が「コグレは浦和レッズがかなり好きらしい」と認知してくれます。浦和レッズについて検索してネタフルにたどり着き、ぼくのことを知ってくれる人もいます。

Web上のログは自分の断片のようなもので、そのひとつひとつが

ら、他のユーザーから見た自分のイメージが形作られていきます。そして、それがぼくに何かを持ってきてくれることがあります。以前には、Webでぼくのことを知った「浦和レッズマガジン」という雑誌の編集部から、連載記事の依頼をいただいたことがありました。Webで発言してログを蓄積していくことが、結果としてそのようなチャンスにつながることもあるのです。

　ソーシャルメディアの流行に乗って利用するサービスを変えていくと、ログを書く場所も、そのたびに変わります。すると、そのたびにログがリセットされ、ゼロからのスタートとなってしまいます。これは非常にもったいないことです。

ブログは自由に書ける「俺メディア」

　それに、ぼくたちの書きたいことは、必ずしもTwitterの140文字や、Facebookが用意している形式の中に収まるものではありません。ソーシャルメディアを利用していると、自然とそのツールが規定する形式に合わせて書いてしまうものですが、もっと自由に書けるツールがあれば、発想を広げて、思いどおりのログを作っていくことができます。

　そのために最適なツールが、ブログです。ブログは自由にログを書き、いつまでも消えないように保存して、また、いつでも見ることができます。自分のすべてを表現し、記録できる、ソーシャルメディアに対する「俺メディア」と言えるのが、ブログなのです。

ブログがWebでの「ホーム」になる

　一方でソーシャルメディアは、人の集まりやすさや、コミュニケーションのしやすさという点で、ブログよりも優れています。そこで、両者の長所を組み合わせて活用しましょう。仲間とのあいさつや、話し合いなどはソーシャルメディアで行い、大事なこと、長く残したいことはブログに書いてからソーシャルメディアで「ブログに記事を書きました」と知らせて読んでもらうようにします。

　つまり、ブログをWeb上の自分の「ホーム」——拠点、中心として、それぞれのソーシャルメディアには「出張」するような感覚で利用するのです。こうすることで、ソーシャルメディアの流行がどれだけ変わっても大事なログが消えてしまうことはなく、ログによってソーシャルメディアでのコミュニケーションを加速することもできます。これが、ソーシャルメディアとの相乗効果を生むブログの活用方法です。　コグレ

「仲間」と「収入」をブログの目標に設定する

あなたがブログを書く目的は何ですか？ 最終的な目的は人それぞれですが、ブロガーにとって大切な「仲間」と「収入」について考えます。

> **ページビュー**
> Webページにどれだけアクセスされたかの数字。「アクセス数」と呼ばれることもある

「仲間」が増えればチャンスも増える

皆さんがブログを始めたきっかけ、ブログを書いてめざす目的は何でしょう？ 「毎日のできごとを記録し続けたい」「好きなことについて知ってもらいたい」といった素朴なものもあるでしょうが、本書を手に取ってくださるような人ならば「人気ブログを作りたい」「ゆくゆくは本を出したい」「セミナーの講師をしたい」というような、自己実現をめざしている人が多いと思います。

では、ブログを通じて自己実現するためには、どのようなことが必要でしょうか？ ぼくは自分の経験から、ブログを通じて自己実現に限らず何か新しいことを生み出すためには、1にページビュー、2に仲間が必要になると考えています。

ページビュー、つまり注目や支持が増えれば、そこから仲間のできるチャンスも増えます。また、ネット上に仲間が増えれば、みんなが読んでくれたり紹介してくれたりしてページビューが増えやすくなります。なので、どちらが先かとは一概には言えないのですが、いずれにしても、まずはブログをとことん書き続け、ログを蓄積していくことが重要です。それによって、ページビューも仲間も結果的についてくる形になります。

仲間が増えれば、つきあいの中で、オフ会や勉強会に参加する機会も増えます。そこから、出版や講演といった、さまざまな自己実現のチャンスにめぐりあう可能性も、おのずと高まります。共著者のするぷさんと知りあったのも、ブログがきっかけでした。そして、この本も、ブログを通じて知りあった仲間とのつきあいの中で生まれたものだと言えます。

具体的な自己実現は考えていなくても、一緒に話したり遊んだりする仲間が増えて困ることはないでしょう。ブログで情報を発信したり、ソーシャルメディアを利用したりしている人は、誰しも自分のことを知ってほしい、誰かと出会いたい、と思っているのではないでしょうか。「仲間を得る」ということは、ブロガーなら誰もが目標とする意味があることの1つだと考えています。

「収入」を得れば、ブログにもっと力を入れられる

　いったんページビューの話に戻りましょう。ブログのログ=記事にアフィリエイト広告を掲載すれば、ページビューに応じて収入が得られます。有益な記事が支持されてアクセスが集まると、それが収入につながり、モチベーションにもつながります。そして、収入が増えれば生計を立てることだって可能になります。

　ぼく自身、2006年からは、海外で言うところの「プロ・ブロガー」として、ブログを書くことで生計を立てています（家族4人暮らしです）。共著者のするぷさんも、2008年からブログの収入で生活しています。

　また、生計を立てられるほどの収入ではなくても、趣味で書いているブログの維持費や、趣味のガジェット購入費の一部をアフィリエイト収入でまかなっている友人はたくさんいます。

　ブログから収入が得られれば、ブログのための活動に、さらに力を入れることができます。例えば毎月5000円程度の収入が見込めるならば、ブログのためにモバイルWi-Fiルーターを買ってもいいかな、と考えられるでしょう。数万円単位の収入があれば、ちょっとした副業として時間を割くことも考えられます。やがてはプロ・ブロガーとして……ということも、夢ではありません。

　それに、「忙しいから」「お金がないから」という理由でブログをやめてしまう人もいますが、収入があれば、やめずにすむ場合もあります。「ブログで稼ぐ」ことは重視しない人でも、収入があって困ることはないはずです。

ブログ運営の基礎→仲間→収入の順にめざそう

　以上のことから、ブログを書くならば「仲間」と「収入」を得ることをめざそう！　とぼくたちは提案します。ブログの最終的な目的は人それぞれでも、この2つを意識してめざすことは、必ずプラスになります。

　本書では、第2章でブログの運営の基礎となる「書き続ける」ためのテクニックを解説します。文章の書き方、アクセス解析の使い方などを、ここで身につけましょう。

　そして第3章では、ソーシャルメディアを活用して「仲間」を得るためのテクニック、第4章ではアフィリエイトで「収入」を得るテクニックを解説します。順番にテクニックを試して、この2つの目標に近づいていってください。　コグレ

アフィリエイト

「提携」の意味を持つ。Webページを運営するユーザーがオンラインストアなどと提携して広告を掲載し、一定の条件（商品の販売など）が満たされたときに報酬が支払われるしくみ。ユーザーとオンラインストアの仲介をする事業者（アフィリエイト・サービス・プロバイダー：ASP）も存在する

「まだ自分を知らない人」に向けて書くことからすべてが始まる

ページビューを増やすこと、書き続けることについて、少し補足しましょう。ブログの特長を考えていくと、そのためのヒントがみつかります。

パーマリンク

「Permanent（不変の）」＋「Link（リンク）」からの造語。記事ごとに単一のURLを持つWebページが生成され、そのURLが不変となるしくみ、またはそのURLのこと。ブログと同時に普及したしくみで、記事ごとのリンクがしやすく、古いリンクが切れてしまうことがないためメンテナンス性がいい、などの特長がある

∥読者の大半は「まだ自分を知らない人」

「仲間」と「収入」といっても、ずいぶんと遠くにある目標のように感じられる人もいるかもしれません。そこで、こんどは手近なところにある重要なポイントを考えてみましょう。

ブログの記事を書くとき、その記事をどんな人が読むだろうか、とイメージすることはありますか？ ソーシャルメディアでの投稿は、自分をフォローしてくれている人、友達になっている人など、すでに自分のことを知っている人が読みます。しかしブログの場合は、検索エンジンなどからアクセスしてきた、自分のことを知らない人に読まれることが多くなります。

ブログの特長に「検索エンジンでヒットしやすい」ということがあります。ブログツールは、いちど公開した記事のURLがずっと変わらない「パーマリンク」という特性のため古い記事にもアクセスが集まりやすく、またブログ特有のサイト構造も、検索エンジンに対して有利に働くとされます。個々のブログによって割合は異なりますが、だいたいアクセスの全体の50〜70％前後は、検索エンジンからきた、自分のことを知らない人になるはずです。

∥初めての人、自分を知らない人に向けて書こう

ここに、ページビューを増やし、仲間を得るための（そして収入も得るための）重要なヒントがあります。それは、自分のことを知らない人向けに書くことが大切だ、ということです。

例えば、新しいデジカメを買ったことを書くとき、「昨日いつものメンバーで駅前の店に行ったら、前からほしかったデジカメが安くなっていたので買っちゃいました！」というような書き方をすることもあるでしょう。これをソーシャルメディアで読んだあなたの友達は、「いつものメンバー」とは誰か、「駅前の店」とはどこか、「前からほしかったデジカメ」とは何かを、だいたいわかってくれていると期待できます。

しかし、検索エンジンで記事をみつけた、あなたのことを知らない人が読んだら、この文章からは何の具体的な情報も読み取ることが

できません。たまたま1回ブログにアクセスしただけで、特に興味を持ってくれることもないでしょう。

ブログに限らず、ぼくたちは継続的に書いていると、相手も継続的に読んでくれているように思いがちです。もちろん継続的な読者もいますが、読者の過半数が初めての人ならば、毎回、初めての人でも読めるような書き方をすることが大切です。

デジカメを買った例であれば、製品名をきちんと書き、どこに注目していたかや、使ってみての感想などを書くようにすると、同じ製品に注目していた人が興味を持ってくれるかもしれません（より詳しくは、以降のテクニック8や10で解説します）。

‖よく読まれるブログの書き手は目的意識が違う

ライフメディアリサーチバンクが2010年に発表した「ブログに関する調査」によると、ブログの1日のページビューが500を超えるブロガーは、それ未満のブロガーよりも、ブログを書く目的として「発信する情報を通して他人の役に立ちたい」や「自分の考えや感じたことを発信したい」ということを挙げた割合が高かったそうです。

つまり、ページビューの多いブログを運営するブロガーは、そうでないブロガーに比べて「仲間内だけでなく、知らない人に向けて情報を届けたい」ことの意識が強い傾向があると見ることができます。これは、ネタの選び方や文章の書き方などにも、先に挙げたような違いとして現れるはずです。[するぷ]

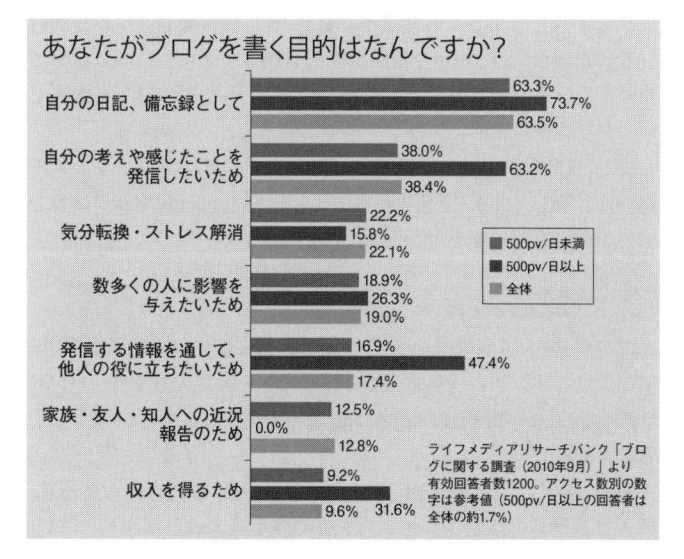

ライフメディアリサーチバンク「ブログに関する調査」

以下で全調査結果を閲覧できる

http://research.lifemedia.jp/2010/09/100929blog.html

あなたがブログを書く目的はなんですか？

項目	500pv/日未満	500pv/日以上	全体
自分の日記、備忘録として	63.3%	73.7%	63.5%
自分の考えや感じたことを発信したいため	38.0%	63.2%	38.4%
気分転換・ストレス解消	22.2%	15.8%	22.1%
数多くの人に影響を与えたいため	18.9%	26.3%	19.0%
発信する情報を通して、他人の役に立ちたいため	16.9%	47.4%	17.4%
家族・友人・知人への近況報告のため	12.5%	0.0%	12.8%
収入を得るため	9.2%	31.6%	9.6%

ライフメディアリサーチバンク「ブログに関する調査（2010年9月）」より 有効回答者数1200。アクセス数別の数字は参考値（500pv/日以上の回答者は全体の約1.7%）

ブログの環境を再点検しよう

テクニックの解説に入る前に、ブログ環境を見直します。テクニックを十分に使えるブログ環境になっているか確認しておきましょう。

▍パーマリンクのために大切な「独自ドメイン」

ブログが検索に強いこと、その理由に「パーマリンク」があることは、前のページでも触れましたが、ブログの重要な特長のひとつです。TwitterやFacebookもパーマリンクを持っていますが、過去の記事がブログのようにアクセスされることはありません。それは、サイトの構造がブログとは違うためです。

一方でブログは、パーマリンクと特有のサイトの構造のおかげで、検索エンジンから古い記事にもアクセスが期待できるだけでなく、自分で古い記事を紹介する（新しい記事からリンクするなどして）こともできます。つまり、ブログは書いたら書いただけログが蓄積され、ページビューや仲間作りのきっかけ、収入、知識など、さまざまな面で自分にプラスになっていきます。引き算がない「足し算」だけで考えられるメディアなのです。

この「足し算」を長く続けるためには、独自ドメインでパーマリンクを維持することが必要です。もしも今利用しているブログサービスが終了してしまうことになったとき、サービスのドメインを利用していた場合には、パーマリンクを引き継げません。しかし、自分でドメインを持って自分のサーバーでブログを運営していれば、同じパーマリンクのままで別のサーバーに移ることが可能です。

また、自分のドメインを持てば、同じドメインのメールアドレスを持つこともできます。覚えてもらいやすいドメインは、セルフブランディングに有利になるというメリットもあります。

▍最大限の自由度があるインストール型ツール

ブログは、カスタマイズの自由度が非常に高いことも特長です。気に入ったテンプレートを探してデザインを変更できる他、HTMLや画像加工などの知識があれば自分でゼロからデザインすることもできます。

また、記事の内容も自由です。文字数制限がないのはもちろん、挿入する画像の点数やレイアウトの制限も基本的にはなく（ブログ

ドメイン

「google.com」「impress.co.jp」など、インターネット上のサーバーやネットワークを識別するための名前の一種。Webサーバーの名前の一部や、メールアドレスの一部などとして利用される

ツールによっては制限がある場合もあります)、その自由度の高さは、まるでWeb上の総合格闘技のような「何でもあり」状態。ぼくは、自分が開発したiPhone/iPadアプリの紹介や解説も自分のブログに掲載していますが、画像や文字を複雑に組み合わせたページを自在に作るには、やはりブログが適しています。

　こうした自由さを最大限に発揮できるのは、サーバーにインストールするタイプの(インストール型の)ブログツールです。本書で紹介するテクニックをすべて使うためには、レンタルサーバーと独自ドメインで自分のドメインのサーバーを持ち、インストール型のブログツール「Movable Type」か「WordPress」を利用した環境をおすすめします。

　この2つのツールは人気が高く、ノウハウが多数公開されています。また、機能を拡張する「プラグイン」と呼ばれるソフトもさまざまなものが公開されていて、カスタマイズが自在です。

　Movable Typeはブログブーム初期から広く使われているツールで、Webページを静的生成(ツールがHTMLを生成してサーバーに保存する)し、比較的サーバーにかかる負荷が低く、管理もしやすいのが特長です。一方でWordPressは近年ユーザー数を大きく伸ばしている人気のツールです。動作が高速なのが特長で、Webページは動的生成(アクセスがあるたびにプログラムが動いてHTMLを生成する)となります。ページビューの多いブログではサーバーの負荷が大きくなるため、月間数十万～百万ページビューを超えるようなブログを運営するには、強力なサーバーか、高度な高速化のノウハウが必要になります。本書の著者2人は、Movable Typeを利用しています。

サービス型ブログツールはメンテナンスフリー

　インストール型に対して、いわゆる「ブログサービス」として提供されているサービス型のブログツールは、自由度が多少制限されるかわりに、メンテナンスをすべてサービス側にまかせられるのが利点です。

　技術的なことはわからないから、サーバーの管理は一切やりたくない、書くことに集中したい人には、独自ドメインが利用できるブログサービスを利用するという選択肢もあります。レンタルサーバーや各種サービスについて詳しくは、次のページを参照してください。 するぷ

Movable Type

Six Apartが提供するブログツール。ブロガー向けには無料の「個人ライセンス」が適用されるが、商用利用には有料。開発者向けのオープンソース版(無料)もある

http://www.sixapart.jp/movabletype/

WordPress

オープンソースのブログツール(無料)

http://ja.wordpress.org/

Column

おすすめのブログ関連サービス、ツール

著者2人が利用しているものを中心に、ブログ環境のためのサービスを紹介します。現在コグレさんは「さくらのレンタルサーバー（法人向け）」+「バリュードメイン」+「Movable Type」、ぼくは「さくらのレンタルサーバー（プレミアム）」+「さくらのドメイン取得」+「Movable Type」を利用しています。また、以前にコグレさんは「80code」、ぼくは「ロリポップ！」「heteml」の利用経験があります。 するぷ

レンタルサーバー

80code http://www.80code.com/
80 Code Consulting提供。比較的大容量で低料金なのが特長。プランは月額480円の「共有サーバーベーシックプラン」から

heteml http://heteml.jp/
paperboy & co.提供のプロ・企業向けレンタルサーバー。月額1500円から

さくらのレンタルサーバー http://www.sakura.ne.jp/
さくらインターネットが提供。月額125円のプランからあるが、ブログには月額500円の「スタンダード」が最適

ロリポップ！ http://lolipop.jp/
paperboy & co.提供の低価格レンタルサーバー。月額263円の「ロリポプラン」がおすすめ

ドメイン管理サービス

さくらのドメイン取得 http://www.sakura.ne.jp/domain/
さくらインターネット提供。年間1800円からドメイン取得/管理ができる

バリュードメイン http://www.value-domain.com/
デジロック提供。年間920円からドメイン取得／管理ができる

ムームードメイン http://muumuu-domain.com/
paperboy & co.提供。年間580円からドメイン取得/管理ができる安さで人気

ブログサービス

TypePad http://blog.typepad.jp/
TypePadが提供する、Movable Typeのサービス型に相当するブログサービス。月額980円で独自ドメインの利用も可能

WordPress.com http://ja.wordpress.com/
AUTOMATIC（WordPress開発メンバーの一部を含むチーム）が提供する、サービス型のWordPress。年額99ドルの「バリューパック」にすると独自ドメインの利用が可能

ライブドアブログ http://blog.livedoor.com/
NHN Japan提供。無料のブログサービスだが、月額315円の「PRO」プランから独自ドメインが利用可能

Chapter

02

ブログを書き続けるためのスタイルを身につける

ブログでもっとも大事なことは、「書き続ける」ことです。まずは基本的な心構えから記事の書き方、書いた結果の振り返りと改善の方法まで、書き続けるために必要なテクニックを解説します。

01 毎日ブログを更新するためのルールを決めよう

ブログを書くならば、毎日更新することを目標にしてルールを作りましょう。習慣化して、長く続けられるようになります。

‖ コンスタントに書いて、肩の力を抜くことが大切

セミナーなどで「ブログはどのくらいの頻度で書いたらいいのでしょうか？」という質問をいただくことがあります。答えは決まっています。「もちろん毎日書く」です。

毎日書けば記事数が増え、ページビューも増えやすくなりますが、そうしたこと以上に大事な理由があります。

間を空けて記事を書くと、余計な力が入ります。すると、往々にして余計な力の入った書き方は見透かされてしまうようで、期待するほど反響が得られないものです。一方で、まったく力を入れずに10分ほどで書いた記事が大反響となることもあります。

反響のあるなしという意味で言えば、ブログの記事の価値を判断するのは読者です。書き手が記事の当たりはずれをコントロールするのが難しいことを野球に例えた「あのイチロー選手ですら、打率は3割そこそこ」という話があります。ブロガーにできることは、打席に立ち続け、ピッチャーゴロでもいいので、バットを振るのをやめないでいることしかありません。

だから気合いを入れて記事を書くことより、自分としては70〜80点ぐらいの記事でいいので肩の力を抜いてコンスタントに書き続けることが大切で、そのためには毎日書くことが有効なのです。

‖ 1日の中でブログに使う時間を決めよう

毎日コンスタントに書くために、毎日の生活にブログを書く活動を組み込みましょう。ネタ集めは、通勤中にスマートフォンで、または家族と一緒に見ているテレビ番組から、友達との会話からなど、さまざまな場面でできます。どのような場面で意識的にネタ集めをするかを決めて、毎日行うことを心がけましょう。

ブログを書く時間は、1日の中でここ、と決めておきます。朝でも夜でも、決まったタイミングに決まった時間に手を動かす（記事を書

く)ことを決めると、そのうち書かないことが気持ち悪いと感じるようになり、自然にブログを書くことが続けられるようになるのです。

ぼくは会社勤めをしていたころ、たくさんの記事を書きたくて、朝は早起きしてブログを書き、昼は早く昼食をすませて書き、夜は夜更かしして書き……というやり方で、多い日には1日に20本ほど書いていたことがあります。

そこまで時間を使うのは難しいかもしれませんが、まずは、朝か寝る前に30分ほどの時間を作って、1本の記事を書くようにしてみましょう。ネタ集めは移動中などの10〜15分程度で行うことにして、パソコンの前に座って30分で記事を書き上げるのです。

ここまでができたら、毎日アクセス解析のデータを見て、「ひとり反省会」をする時間をできるだけ取りましょう(ひとり反省会は、時間が取れなかったら週に1回ぐらいでもかまいませんが、データは毎日見ましょう)。書きっぱなしでは、なかなか進歩がありません。どのような記事が読まれたか、どのようなキーワードで検索されたかなどを調べて、今後に活かすのです。 コグレ

ネタフルでは1日10〜15本程度の記事を公開(土日は基本的に休み)。1本の記事を書く時間は10〜30分、長くて1時間ほど、ネタ集めには1日3時間ほどを使っています

こんな結果が出る！

1. 毎日書き続けていると変に気合いが入ることがなくなり、肩の力を抜いて書けるようになる
2. ブログが習慣として身につくと「書かないことが気持ち悪い」と感じるようになり、必然的に書き続けられる

02 ブログを「楽しんで書く」ことを大切にしよう

基本的な心がけとして、ブログは書くことそのものを楽しむのが大切です。その気持ちが、やがては大きな目的を達成することにもつながるものです。

||「楽しんで書いている」と伝わることが大切

ブログを続ける秘訣は？　と誰かに聞かれたら、ぼくは「楽しむことです！」と答えます。ページビューが伸びることよりも、コメントをもらうことよりも、ブログを書くことそのものが「楽しい」と思えることが、いちばん大切です。

雑誌や商用のWebメディアの記事には、苦しみながら書かれたものもあるかもしれません。しかしプロの記事には、圧倒的な情報量や斬新な切り口などの「読ませる要素」が別にあります。それに対して、個人ブログがどこに「読ませる要素」を持てるかといえば、書き手自身が心から楽しんで書いていること、好きなことを発信していることではないでしょうか。

さらに言えば、その気持ちから生まれる真に迫った表現や、ネタの徹底的な掘り下げや、いちはやくレポートしたい！　という姿勢が「読ませる要素」になるのです。

||楽しく書くために、できるだけ負担を減らす

しかし、ブログで収入を増やしたいとか、自己実現をしたいといった目標があると、「楽しむ」より「目標に向けて黙々と努力する」ことに意識が向かってしまうことも多いでしょう。「楽しむ」ことを忘れないために、ぼくは次の3つのことを心がけています。

1つ目は「好きなネタだけを選んで書く」こと。ページビューが稼げそうなネタをみつけても、好きでもないことを書くのは、どこかで無理が出てしまい、続けられないものです。

2つ目は「書く」以外の作業をできるだけツールで自動化・簡易化して、書くことに集中すること。画像の加工やHTMLのタグを書く作業などが簡単にできるようになれば、それだけ身軽に、楽しく書けるようになります。

そして3つ目は「無理をしない」こと。テクニック1とやや矛盾する

と感じられるかもしれませんが、ぼくは、ネタがないときや、気分が乗らないときには、無理して書かないことにしています。

書き続けるハードルを下げよう

コグレさんはテクニック1で、力まず、肩の力を抜いて書くことが大切で、そのためには毎日書いて習慣化するといいと解説していました。ぼくもある程度のルール（1日に1回はフィードをチェックしてネタを探す、ネタになりそうな飲食店では食べ物の写真を撮っておく、など）を決めていますが、合わせて「書けなかったときのことを気にしない。また明日！」という心構えを持つことも、ぼくにとってはリラックスして書くために必要です。

ブログのスタイルは人それぞれで、コグレさんとぼくの間でも、違いがあります。もっとも大切なのは「ブログを書き続けること」です。そのハードルを下げるために、自分に合ったルールや心がけを身につけていってください。するぷ

フィードをチェック
詳しくはテクニック3を参照。よく読むブログやニュースサイトの新着記事をチェックすること

和洋風◎では、1日平均1本以上の記事を公開。1本の記事を書く時間は30分程度から、気合いを入れて数時間かかることも。思ったより反響がないこともありますが、自分が楽しければOKとめげずに書いています

こんな結果が出る！

1 | 自分自身が楽しむことで、ブログを無理なく続けられるようになる

2 | 楽しんで書くことで、個人ブログならではの魅力が出た記事が書ける

03 ネタ集めの効率を「Googleリーダー」で上げる

ブログを書くにはネタ集めが最重要！ そのためにはフィードの活用が不可欠です。Googleリーダーで、効率よくネタを収集しましょう。

限られた時間で多くのネタを集めるために最適

ブログのネタ集めでは、他の人のブログやニュースサイトをチェックして、読者に紹介したい記事や、話の肴にしたい情報を探します。このときにフィードリーダーは欠かせません。

フィードリーダーには多くの種類がありますが、おすすめはGoogleリーダーです。連携して利用できるサービスやアプリが多く、Googleリーダーにフィードを集約して、パソコンやスマートフォンからは好みのアプリで読むようにすると、最高の使い心地と、最高の情報収集効率が得られます。

ぼくはGoogleリーダーそのものを使う機会はほとんどなく、Mac、iPhone、iPad用の「Reeder」というアプリを利用しています。動作が速く、記事の一覧が見やすく、そして何よりカッコいいデザインで充実感を得られることが魅力です。

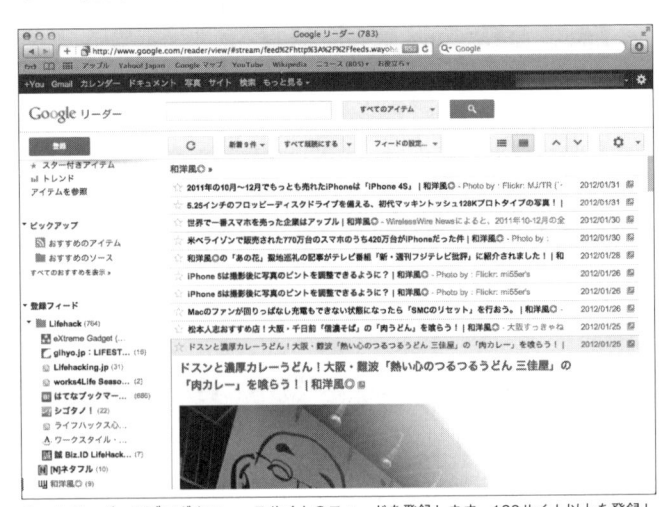

フィード
ブログやニュースサイトが提供している記事情報のファイルのこと。ファイル形式は「RSS」や「Atom」と呼ばれる

フィードリーダー
多数のサイトのフィードを収集し、新着記事をまとめてチェックして読むためのサービス

Googleリーダー
Googleが提供するフィードリーダーサービス
http://www.google.co.jp/reader/

Reeder
Silvio Rizziが提供するGoogleリーダークライアント（Googleリーダーに登録したフィードを読むアプリ）。Mac用(850円)、iPad用(450円)、iPhone用(250円)がある。Mac用はMac App Storeで購入できる

Googleリーダーにブログやニュースサイトのフィードを登録します。100サイト以上を登録しても、新着記事をスムーズにチェックできます

無理なくチェックできる数だけを登録しよう

　おもしろい記事が書かれている、ネタ元として継続的にチェックしたいブログやニュースサイトは、どんどん増えていくものです。多数のサイトをブラウザーで見てまわるのは大変ですが、フィードリーダーでは登録したサイトの新着記事をすべてまとめてくれるので、サイトが増えても苦になりません（ただし後述するように、限度はあります）。

　Googleリーダー、またはReederに表示された記事のタイトルの一覧をチェックし、気になる記事の本文を読みます。そして、ブログのネタにしたいものや、あとでよく調べたいものは、Instapaper（テクニック7参照）に保存します。スターをつけておいてもいいでしょう。気になる記事以外は、まとめて既読にしてしまいます。

　Reederは、ちょっとした隙間時間にiPhoneからチェック、少し落ち着いてiPadでチェック、作業の合間にはMacでチェック、というように、いつでもネタ集めができるのもいいところです。既読情報はデバイス間で同期されるので、同じ記事を2回見ることはありません。

　このようにするとネタ集めをとことん効率化できますが、たくさん読めるからといってチェックするサイトを増やしすぎると、どこかで読みきれなくなってしまいます。

　100サイト程度のフィードは通常10分足らずでチェックできますが、更新が非常に多いサイトをチェックする場合や、じっくりフィードを読みたい人の場合は、もっと時間が必要になるでしょう。

　ネタはナマ物なので、ため込んでもいいことはありません。毎日のネタ集めに使える時間の中で、無理なくチェックできる数にとどめましょう。最近あまり読むネタがないな、と思うサイトは、適宜登録をはずすことも必要です。また、旅行などで数日間ネタ集めができなかったときには、大変な数の未読記事がたまってしまうことがあります。そのようなときは、すべてを既読にして、次の新しい記事を待つことにするのも、悪くありません。　するぷ

こんな結果が出る！

1 | 多数のブログやニュースサイトから、短時間でネタを収集できる
2 | ネタ集めをとことん効率化することで、じっくりと記事を書くことができる

04 メールマガジンを「斜め読み」で活用する

古くからあるメールマガジンも、ブログのネタの宝庫です。興味に合ったメールマガジンを読む習慣をつけてみましょう。

▌斜め読みして気になるネタをピックアップ

メールマガジンの歴史は長く、古いものだと思う人もいるかもしれません。しかし最近は、IT業界周辺の有名人による有料メールマガジンが増えるなどして、また注目を集めつつあります。

ぼくも1997年から2007年ごろまで約10年にわたってメールマガジンを配信していたので、その特性は熟知しているつもりですが、メールマガジンは枯れた扱いやすいメディアです。メールは誰でも利用し、パソコンからもスマートフォンからも読めるので、環境を選ばずに使えるシンプルなネタ集めの手段となります。

メールマガジンにもいろいろなものがありますが、ここで主に取り上げたいのは、大手ニュースサイトが配信している、ニュースのヘッドラインをたくさん集めた形式のものです。

ブログのように1ネタが1記事(1ページ)の形式ではないため、慣

メールマガジンは定期的に、自動的に情報が届くのが魅力。手堅いネタ元として便利です

れないうちは読むときに違和感があるかもしれません。しかし、たくさんのネタがまとまった形で並んでいるため、斜め読みして気になる記事を高速でピックアップするのに適しています。

∥メールマガジンを探すには「まぐまぐ」がおすすめ

一般的なニュースのメールマガジンは大手メディア企業の多くが無料で配信しているので、好きなメディアのサイトで確認してみましょう。ニッチなテーマのものや、個人の論考をメインにしたものを読みたい場合は、大手配信サービスの「まぐまぐ」で探すのをおすすめします。

メールマガジンを購読すると、メールソフトでフィルタを設定し、特定のフォルダにまとめておきたくなるかもしれません。しかし、受信トレイに入らないメールは読み忘れてしまいがちです。他のメールと同じように受信トレイに入る形にして、できるだけ早く目を通しましょう。

気になる記事は本文に軽く目を通して、フィードリーダーのときと同様にInstapaper（テクニック7参照）に保存します。そして、記事を書くときにあらためて読むようにします。 コグレ

まぐまぐ
まぐまぐが提供する、30000誌以上を取り扱うメールマガジンの配信サービス
http://www.mag2.com/

Column

∥コグレマサトおすすめのメールマガジン

ネタフルのネタ元として参考にしているメールマガジンの中から、3誌を紹介します。話題性の高いニュースは配信前に知ることもありますが、まとめて斜め読みする中で、まだあまり話題になっていないネタがよくみつかるのが、この3誌のポイントです。

マイナビニュース（総合ニュース）
http://news.mynavi.jp/mail/

CNET Japan Newsletter（海外中心のITニュース）
http://japan.cnet.com/info/newsletter/

BPnetメール（ビジネス系で独自記事が多い）
http://passport.nikkeibp.co.jp/bizmail/biztech/

こんな結果が出る！

1. 定期的にネタが自動で届くようになり、ネタ集めが楽になる。斜め読みで興味のあるネタを探せる
2. 同じ人の目を通した記事を定期的に読むことで、自分とは異なる視点から世の中の動きを見ることができる

05 「まとめ」や「キュレーション」サービスの情報をうまく取り込む

特定のテーマについて誰かがまとめてくれた情報が、Webにはたくさんあります。ブログのネタとして活用してみましょう。

Togetter
トゥギャッターが提供する、Twitterのツイートまとめサービス。複数ユーザーによる議論など、Twitter上では流れが追いにくいものを読みやすい形にまとめることができる
http://togetter.com/

NAVERまとめ
NHN Japanが提供する、まとめページ作成サービス。まとめ記事を作成したユーザーは「まとめ人」と呼ばれる
http://matome.naver.jp/

gooランキング
NTTレゾナントが提供するランキング情報サービス
http://ranking.goo.ne.jp/

▌まとめページをネタに独自の切り口で紹介しよう

2011年は「キュレーション」というキーワードとともに、いわゆる「まとめ」サービスが流行しました。Twitterのログ専門まとめサイト「Togetter」や、画像、動画など何でもまとめられる「NAVERまとめ」などが有名です。まとめ記事には興味深いネタがいっぱい詰まっていて、ブログで紹介したくなります。しかし、それをそのまま紹介しただけでは、おもしろみがありません。自分のブログならではの味つけをしましょう。

自分が気になった箇所や、引っかかったことがあれば、それについて調べて、まとめ記事の内容をふくらませてみましょう。まとめ記事をきっかけに新たな情報をみつけ出し、オリジナリティのある記事を書くわけです。

TogetterやNAVERまとめでは、まとめ記事の内容をブログに挿

Togetterには、Twitterで起こったおもしろいやりとり、有益な連続ツイートによる情報提供から、議論の記録などがまとめられています

入するためのタグを取得できるので、この機能も活用しましょう。Twitterで有名人のおもしろいツイートをみかけたり、興味深いやりとりを読んだりしてブログで紹介したいときには、自分でTogetterにまとめて、まとめ記事のタグをブログに挿入すると、ツイートをネタにした記事が書きやすくなります。

　NAVERまとめでは、Webページや写真、動画などを簡単にまとめられるので、自分でまとめ記事を作って、それをブログで紹介することもできます。ちなみにNAVERまとめはページビューに応じて収入が入るシステムがあり、それだけでかなりの収入を得る「まとめ人」も増えているようです。

　他の「まとめ」的な情報としては、ランキングもいいネタになります。「goo ランキング」のようなサービスをチェックするのもいいでしょう。ランキングのような数字がからむネタを紹介する記事では、タイトルに数字を入れると読者の興味を強く引いて、かなりのページビューを獲得できる場合があります。 コグレ

イベントのレポート記事で、Togetterでまとめたイベント中のツイートを紹介するという使い方もできます

こんな結果が出る！

1　特定のテーマについてのまとまった情報が手に入り、ブログのいいネタになる

2　Twitterでのやりとりを紹介するとき、Togetterでまとめを作ってブログの記事に挿入するとわかりやすくなる

06 リアルタイムに「話題のネタ」をみつける嗅覚を磨く

速報ネタには高いニュースバリューがあります。みんながまだ気づいていない、価値ある新鮮なネタをみつける方法を紹介します。

今日の急上昇ワード

「Googleトレンド」に表示される、検索数が急上昇しているキーワードのリスト

http://www.google.co.jp/trends/

‖話題のネタをブレイク前にみつけたい！

　Webの情報はとにかく早く、テレビにも新聞にも出ていないニュースが次々と流れます。

　ブロガーとして気になるのは、そうした中で、いかに早くみんなが興味を持つネタをみつけるか、という点です。ブログもまたWeb上のコンテンツのひとつですから、話題のネタを記事にするのが早ければ早いほど、大きなニュースバリューがあるためです。

　話題のネタを早くみつけるには、どのようにするのがいいでしょうか？　「Yahoo!ニュース」のトピックスを眺めていても、そこには「現在(すでに)話題のニュース」しかありません。「これから話題になるネタ」をみつけるためには、何かがあったときにユーザーがとりあえず利用するサービスのリアルタイムトレンドをチェックするのがベストです。

Twitterの❶[トレンド]は、リアルタイムに注目の移り変わりを反映します。ときにはお笑いネタ的なハッシュタグが出ることもありますが、それも記事のネタになるかもしれません

TwitterやGoogleのトレンドをチェックする

例えばTwitterの「トレンド」は、ツイート数が急増したキーワードをリアルタイムに紹介しています。地域ごとにユーザーをまとめてトレンドを出しているので、自分の国の設定を必ず「日本」に合わせておきましょう。Twitterでは、まさに「今」のことが話題になるので、突然の訃報や事故があったときなどは、トレンドに関連する人名や地名が出てきます。

Googleの「今日の急上昇ワード」も役立ちます。こちらはGoogleで検索されるキーワードの中から、文字どおり検索回数が急上昇したものが表示されます。テレビの影響が強い場合が多く、ちょうどテレビに映っているタレントの名前が急上昇したりします。

気になるキーワードが出てきたのをみつけたら、急いで関連する情報を集めて記事を書きます。スクープをものにできれば、ページビューを急上昇させたり、ソーシャルメディアでの話題を独占したりすることも夢ではありません。 [コグレ]

Googleの「今日の急上昇ワード」は、今みんなが検索している＝今みんなが知りたがっているキーワードを知ることができます

こんな結果が出る！

1. いち早く話題のネタについて記事を書き、短期的に多くのアクセスを集めることができる
2. いったん話題が沈静化しても、後日ふたたび話題になり、記事にアクセスが集まることがある

07 「Instapaper」にあとでまとめて読むネタを集める

ネタ用に集めた大量の情報を消化するのには、コツがあります。「まとめて読む」ことです。それを実現するのがInstapaperです。

Instapaper

Webの情報を「あとで読む」ためのサービス。サービスは無料。iPhoneアプリは無料版と有料版(450円)がある

http://www.instapaper.com/

集めたネタを、まとめて読んで効率アップ

昨今では、ブログのネタ集めにフィードリーダーやメールマガジンだけでなく、各ソーシャルメディアも欠かせません。それらを見ていくと、読みたいネタはどんどん増えていくので、限られた時間の中で、うまくネタを読むことを考える必要があります。

そこで活用したいのが「あとで、まとめて読む」を実現するInstapaperです。気になる記事や、あとでじっくりと読みたい記事をInstapaperに保存しておくと、サイトまたはiPhone／iPadアプリを利用して、まとめて読むことができます。

これで「ネタを集める」と「ネタを読む」を完全に分離して行えるようになります。ネタ集めは隙間時間にReeder（テクニック3参照）やメールマガジン（テクニック4参照）で行い、時間の余裕があるときに落ち着いて読むようにすると、うまく時間を使えます。

Instapaperは、切り抜きを貼っておくスクラップブックのようなもの。手軽に保存して、あとでまとめて読み返すことができます

豊富な連携アプリでネタを集約しやすい

　Instapaperのもうひとつの特長は、他の豊富なサービスやアプリと連携して、さまざまなサービス、情報源からの記事の保存が簡単にできることです。

　ブラウザー上で保存ができるだけでなく、テクニック3で解説したGoogleリーダーやReederから保存したり、メールでInstapaperに送ったりすることもできます。Twitterの多くのスマートフォンアプリからも（例えばiPhoneのTwitter公式アプリなど）、ツイートに含まれるURLのページを保存できます。

　「情報を集めるぞ！」と思っているとき以外にも、ふと見たTwitterのタイムラインで気になる情報をみつけたりすることもあります。そのような場合も「とりあえず気になるものはInstapaperに保存」ということを習慣化していれば、その場でInstapaperに保存し、あとで忘れずに読むことができます。

ネタの絞り込みのために活用しよう

　Instapaperに保存したネタの中から、ブログで紹介するものを選びます。多くのネタ元から厳選することで、いいネタをみつけやすくなります。ネタ元として100のサイトやメールマガジンをチェックし、その中から10本の記事をInstapaperに送り、そこから自分がもっとも興味を持ち、読者にもよろこんでもらえそうな1本を取り上げる、といったイメージで、ネタを絞り込みましょう。

　ブログで紹介するネタは、あらためてブラウザーで元の記事を表示します。ブログの記事で紹介するときには、元の記事へのリンクや一部の引用を行いますが、これらの作業にブラウザーのブックマークレット（テクニック16参照）を利用すると便利です。

　ぼくは主にiPhoneからネタ集めを行います。集めたネタを読むことと、ブログに書く作業は、パソコンからまとめて行うようにしています。 コグレ

こんな結果が出る！

1 | まとめてネタを読むことで時間を有効に使うことができ、読み忘れもなくなる
2 | 思わぬタイミングで発見したネタも、Instapaperに保存することを習慣化していれば、取りこぼさずにすむ

08 SEOを考えて検索されやすいキーワードをタイトルに入れる

検索エンジンから多くの読者を呼び込むために、記事のタイトルに工夫をしましょう。検索する人が求めているキーワードを意識します。

SEO

「Search Engine Optimization（検索エンジン最適化）」の略。Webサイトが検索されやすくなるように、サイトの構造やHTMLの書き方など、さまざまな調整を行うこと。検索されやすいファイル名をつけることもSEOのために有効だとされる

検索エンジンはブログにとって、最重要の流入元

ブログとソーシャルメディアとの関係は深いですが、読者の流入元としては、検索エンジンのほうがだんぜん重要です。12ページでも触れたように、たいていのブログでは50〜70％前後が検索エンジンからのアクセスとなります。SEOを考えずにブログのページビューを増やしたり、ましてやプロ・ブロガーとして食べていったりすることはできないと考えてください。ソーシャルメディアからのアクセスは話題の波で大きく上下しますが、検索エンジンからのアクセスは、比較的安定して増やすことが可能です。

SEOのため、すぐにできて効果的なのは、記事のタイトルに検索されやすいキーワードを入れることです。読者がどのようなキーワードで検索するかを想像して、検索結果の一覧に表示される機会を確実に増やしましょう。

この記事はどのようなキーワードで検索する人の検索結果に出るべきか、ということを考えながら、タイトルにキーワードを入れましょう。その工夫は、必ず実を結びます

検索されやすいように型番や固有名詞を入れる

例えば、このあいだ買ったデジカメがとてもよかったのでブログに書こう、というとき「デジカメを買いました」では、検索エンジンからのアクセスは見込めません。仮に「デジカメ」というキーワードで検索したときに検索結果に表示されたとしても、何という機種なのかわからず、また、ただ「買いました」では、興味を持ってもらうこともできないでしょう。

デジカメを購入するために検索する人は、たいてい検討中の機種の機種名や型番で検索するものです。例えば「デジカメ」ではなく「NEX-7」、さらにメーカー名や製品ジャンル名を加えて「ソニーのデジタル一眼カメラ『NEX-7』」としたほうが、その機種の情報を求める人に的確にみつけてもらえるようになります。

内容が端的にわかるキーワードを組み合わせる

ブログの記事(Webページのタイトル)が「ソニーのデジタル一眼カメラ『NEX-7』」だけでは、そのページがオンラインショップなのかカタログなのか、またはユーザーが何かを書いているページなのか、検索する人にはわかりません。内容が端的にわかるキーワードを組み合わせましょう。

例えば、製品の評価を探している人ならば、多くは「(製品名) レビュー」「(製品名) 購入」のようなキーワードで検索するはずです。また、ピンポイントに知りたいことがあるならば「(製品名) 操作性」「(製品名) マクロ」のように、知りたいキーワードを組み合わせるかもしれません。

こうしたキーワードを想像して、例えば操作性のよさが特に気に入ったのならば「ソニーのデジタル一眼カメラ『NEX-7』レビュー。高い操作性に満足」のようなタイトルにすれば、レビューやバッテリーに関する情報を検索した人にとって、求めている情報が書かれていることが一目でわかるようになります。 [するぶ]

こんな結果が出る！

1. 正確な型番や固有名詞をタイトルに入れることで、検索結果に表示される機会を増やすことができる
2. タイトルの言葉を選ぶ習慣がつくことで、記事のイメージも明確になり、読みやすい記事を書けるようになる

09 思わず本文を読みたくなるフレーズをタイトルに加える

記事のタイトルは、ブログの玄関とも言えるものです。読者がクリックせずにいられなくなるようなタイトルを考え抜きましょう。

記事が読まれるかは、タイトルでほぼ決まる

テクニック8から一歩進めて、こんどは「本文を読みたくなるフレーズ」をタイトルに入れることを考えてみましょう。

記事のタイトルは、いわばブログの玄関のようなものだと言えます。読みにきてくれる人を迎えるのに適したタイトル、つい入って(本文を読んで)みたくなるようなタイトルをつけることを考えてみましょう。ぼくがいつも気をつけていることを、いくつか紹介します。

実体験からくる気持ちをストレートに込める

例えば「シャープの液晶テレビ『LED AQUOS LC-32V7』購入レポート」というタイトルでは、「ああ、買ったのか」としか思ってもらえませんが、「購入したシャープの液晶テレビ『LED AQUOS LC-32V7』の映像美がハンパない件」とすれば、「いったいどれだけの映像美だったのか!?」と興味を持ってもらえるはずです。

「ハンパない件」という言い回しはネットでよく使われる言い回しですが(ぼくのブログではよく使います)、「映像美にこれまでの常識が変わった!」「画面に飛び込みたくなるような映像美」など、好みに合わせて表現のテイストは工夫してください。

大切なのは、そのフレーズに興味を持って本文を読んでくれた人が読み終わったときに「なるほど」と感じてもらうことです。だから、内容的にも、文章のテイストとしても、本文との違和感がないものであることが望ましいです。本文を読んだ人に伝えたいこと、共感してほしいことを、タイトルに入れてみましょう。

なるべくシンプルにする

気持ちを込めたり、キーワードを入れたりすることはタイトルを考えるときの原則ではありますが、その結果タイトルが長くなってしまうことには、注意する必要があります。特にソーシャルメディア

では、長いタイトルだと話題に上りにくい(紹介してもらいにくい)傾向が顕著にあります。

そこで、タイトルをなるべくシンプルにすることを心がけましょう。いったんタイトルを考えたら、そこから重複する意味の単語や、あまり重要ではなさそうなキーワードを削れないか、また、婉曲すぎたり、わかりにくかったりする言い回しはないかを見直すようにすることをおすすめします。

タイトルは短すぎ／素っ気なさすぎも、長すぎ／盛り込みすぎも、いずれもよくありません。一般的には、20〜40文字ぐらいが読み取りやすく、それなりに内容も盛り込める文字数の目安となるでしょう。その中にどのような言葉を入れるかは、いろいろなパターンを試して、アクセス解析の結果やソーシャルメディアでの反応を見ながら模索していきましょう。

こうしてタイトルを考えることを毎日続けていると、本文もポイントのまとまった、シンプルな文章が書けるようになります。タイトルと本文は関係が深いですから、タイトルのつけ方が決まってくることで、本文のスタイルもできてくるのです。 [するぶ]

Column

‖「釣り」タイトルはダメ

興味を引くタイトルを考えることは重要ですが、本文の内容とあまりにも違う、誤解を招くようなタイトル(いわゆる「釣り」)や、過剰な期待をさせて、本文を読んだらがっかりされてしまうようなタイトルはいけません。

「釣り」タイトルで、いくらページビューが増えても、本文を読んだ読者はがっかりしてしまうことでしょう。「もうこのブログは二度と読まない」と思われてしまうかもしれず、「仲間」を得ることにもつなげられません。タイトルは自分の気持ちをできるだけストレートに込めましょう。それが、仲間になってくれそうな人に記事を届けることにつながります。

こんな結果が出る！

1. 自分の気持ちをストレートに込めたタイトルで、読者が増える。共感してくれる人も増える
2. 気持ちを込めたタイトル、シンプルなタイトルを意識することで、本文も自分なりのスタイルができあがってくる

10 記事の中で伝えたい要素は必ず1点だけに絞る

ブログの記事で伝えたい要素は、1本につき1点に絞りましょう。そのほうが読者にも、また検索エンジンにも伝わりやすくなります。

‖ 要素を詰め込みすぎると読者が逃げてしまう

　ブログを書くとき、記事がつい長くなってしまうことはないでしょうか。多くの要素や脱線が入り、どんどん長くなっていくような記事の書き方は、ブログのページビューや収入を最大化するという観点からすると、おすすめできません。

　自分の中では複数の要素が1つのストーリーとしてつながっていても、読者がすべてに興味を持ってくれるとは限りません。それに、テクニック9とも関連しますが、要素の多い記事はタイトルをつけるときに悩みます。悩んだ結果「秋葉原で新型パソコンを買ってカレーを食べました」のような冗長なタイトルにしてしまうと、何が言いたい記事なのかわからなくなってしまいます。

　このようなときは、主な要素を1本ずつに分けて、新型パソコンの記事と、カレーを食べた記事の2本を書きます。さらに、他にも書きたいことがあったら、その日のできごとの「まとめ記事」を書いて、新型パソコンの記事やカレーを食べた記事を時系列に並べて紹介しましょう。

　これで、パソコンとカレーの情報を探す人にはシンプルなそれぞれの記事を、あなたに興味がある人には、まとめ記事から全体を読んでもらえばOKとなります。まとめ記事について詳しくは、テクニック40も参照してください。

‖ 要素を絞った記事は検索エンジンにも効果的

　記事で伝えたい要素を絞り、1点だけにすれば、文章が短くてすむので、ブロガーにとっては書きやすくなります。また、要素が絞られたシンプルな記事は読みやすく、読者に親切です。お互いにとって、いい効果があるわけです。

　さらに、検索エンジンに対しても、いい効果があります。要素を絞った記事のほうが、マッチしたキーワードで検索したときに検索

結果の上位に表示されやすい傾向があるのです。検索エンジンは、要素を絞った記事のほうを専門性が高いコンテンツであるとして評価するためです。

だらだらと長文を書いてしまいがちな人や、話題があちこちに飛んでしまうことの多い人は、要素を絞ることを意識してみましょう。もしも複数の要素を含む記事ができたときには、それを別々の記事に分けられないか検討してみましょう。記事の数が増えれば、それだけページビューが増えるチャンスにもなります。 コグレ

ネタフルでは、1つのガジェットについていくつもの記事を書いています。これは、ソーシャルメディアで何度もネタを共有し、同じガジェットのユーザーとコミュニケーションする機会が増やせるというメリットもあります。

Column

‖記事をいくつにも分けるテクニック

日記や体験したことの紹介的な記事ならば、場面が転換するところで記事を分けます。ガジェットの記事などでは、時系列で区切ってみましょう。興味を持ったとき、検討中、購入、開封、活用など段階ごとに書くことにします。その他では「しかし」「ところで」といった接続詞の入るタイミングで大きく内容が変わる部分があったら、記事を分けられないか考えてみましょう。

こんな結果が出る！

1. 伝えたい要素を1つにすることで、文章の詰め込みすぎ、書きすぎがなくなり、読みやすくなる
2. 要素が絞られた記事は検索エンジンに優遇されやすいため、ページビューの増加に貢献してくれる

11 記事に視覚的なメリハリをつけて読みやすくする

いいことを書いた記事も、第一印象で「読みにくい」と思われてしまっては残念です。視覚的なメリハリで、読者を引き込むことを考えましょう。

‖ 第一印象で「読みにくい！」と思われることを避ける

テクニック8〜10では記事のタイトルや内容について解説してきましたが、次は本文の書き方です。とはいえ、ここで解説するのは文章術というよりも、記事の「見た目」についてです。

せっかくタイトルに興味を持ってもらっても、本文に目を移したとたんに文字がびっしりと並んでいたのでは、読者はその圧迫感から「読みにくい！」と感じてしまい、読む意欲を失ってしまうかもしれません。

Webの文章は気軽な気分で読まれることが多いものです。記事を最初から最後まで精読しないとわからない状態になっているよりも、パッと見たときに気になるキーワードが目につくようにすることや、気軽に読み流せそうな見た目にしておくことが、けっこう大切です。例えば、次のようにしてみてください。

‖ 空行と小見出しを適度に入れる

ぼくは、本文は3行以内で空行をはさみ、「大きな文字のかたまり」ができないようにしています。見た目の印象として3行と4行は大きく違って、4行の文章があると、とたんに読みにくい印象になります。さらに、3、4段落ごとに小見出しを入れます。理想的なのは、小見出しだけで記事の内容がだいたいわかり、詳しく知りたい部分は本文も読めばよくわかる、という形です。

‖ 色やカタカナで本文にリズムをつける

和洋風◎の本文の色は黒ですが、「この部分を強く訴えたい！」という部分には、赤などの色をつけるようにしています。ただ、これは周囲の色が黒だからこそ目立つので、ここぞという部分にだけ使い、記事によっては使わないこともあります。重要な部分に色をつけることでポイントが浮かび上がり、記事全体が読みやすくなる効

果もあります。

　また、ちょっとアクセントつけたい部分は、ちょっとだけ引っかかってもらえるように、カタカナにすることがあります。例えば「これを使えば簡単に記事が書けます。」という文を、「これを使えばカンタンに記事が書けます」とするような形です。この手法は本文だけでなく、タイトルにもよく使います。

アイキャッチを入れるのも効果的

　本文の最初にアイキャッチとして写真を挿入することも効果的です。気になる写真で、本文を読んでみようと思ってもらうのです。

　アイキャッチの写真は自分で撮影してもいいですが、難しいときは、クリエイティブ・コモンズ・ライセンスによって第三者が利用可能な形で公開されている写真や、無料の写真素材を使うのもいい方法です。テクニック23では、無料写真素材サービスを紹介します。

[するぷ]

> **クリエイティブ・コモンズ・ライセンス**
>
> コンテンツの複製や再利用について、著作権者が設定できるライセンス。例えば「表示-非営利-改変禁止」というライセンスが設定された写真は、著作権者を表示し、改変せず、非営利目的であれば複製してブログに掲載できる

和洋風◎では、3行ごとの改行や小見出しの利用で、圧迫感をなくし、気軽に読んでもらえるようにします

こんな結果が出る！

1. 視覚的なメリハリをつけることでパッと見たときの印象がよくなり、記事を読んでもらいやすくなる
2. メリハリを意識して小見出しをつけたり、冗長な部分を削ったりすることで、読みやすい文章が書ける

12 公開した記事を読み返してミスを修正する

ブログの記事は書きっぱなしにするのでなく、公開後にも読み返しましょう。事実誤認や誤字などがあった場合は、修正します。

あとから読む人のためにミスは修正しよう

あなたは、自分のブログの記事を公開後に読み返しますか？ 記事は次々に書くけれど、常に自分の目は前を向いているべきで過去を振り返る必要はない……と、ブログを始めたばかりのころのぼくは考えていました。

しかし、公開後の記事をあらためて読んでみると、言いたいことは大きく変わらないものの、誤解を招かないように少し語尾を変えておこうかなと思うことがあります。また、誤字・脱字をみつけることもありました。一晩以上置いて、いったん書いたことを忘れてから読み返すと、言い回しのおかしい点や、話の矛盾がみつかることも多くなります。それらを反省し、修正しておくことは文章の訓練にもなります。

考えてみれば、自分の目は常に前を向いていたとしても、他の誰かが検索エンジンから初めてアクセスしたネタフルの記事が、誤解を招く表現や、致命的な誤字のある古い記事である可能性もあります。そのような人にとって、ネタフルの印象は決してよくはないでしょう。そう思い至って、今では読み直すこと、ミスがあったら修正しておくことの大切さを実感しています。

最近はソーシャルメディアで更新情報をお知らせしていると、TwitterやFacebookで公開してすぐに読んでくださった人から、誤字・脱字や事実誤認についての指摘をいただくことがあります。

そのような場合には、感謝のメッセージをお伝えして、すぐに記事を修正します（事実関係の指摘については、確認・調査をして必要があれば修正します）。わざわざメッセージをいただけるのは、ありがたいことです。

数ヵ月後、数年後に読み返すのもおもしろい

記事を数ヵ月後、数年後にあらためて読み返すと、すっかり忘

ていたネタを思い出したり、昔の自分の考えに触れたりして、新鮮な発見があります。

考えが変わったからといって昔の記事を修正する必要はありませんが、昔の自分に刺激されて新しく書きたいテーマをみつけたり、昔の記事をヒントに新しい視点を得たりできることがあります。恥ずかしくて読み返せないこともあるでしょうが、ときどき読み返してみてください。 [コグレ]

修正した記事の例。❶訂正情報などを追記し、タイトルにも「追記あり」と書き加えて、すでに読んだ人にも気づいてもらいやすくしています

Column

‖修正内容がわかるようにしておこう

記事を修正するとき、誤字脱字などは間違った部分をそのまま書き換えてかまいませんが、事実誤認の訂正や文意が大きく変わるような修正は、以前の記事を読んだ読者のために、修正内容がわかるようにしておくと親切です。削除した部分にはHTMLのDELタグ、書き加えた部分にはINSタグを使い、修正した日付を書いておくと、わかりやすくなります。

こんな結果が出る！

1 | 公開した記事を読み直してミスを修正したり書き方を反省したりすることで、より質のいい記事を提供できるようになる

2 | 数カ月以上たってから記事を読み返すと、昔の自分の考えに触れたり、忘れていたネタを思い出したりして新鮮な発見ができる

13 「ネガティブな記事は自分に跳ね返ってくる」と心得る

ネガティブな記事を書いてしまったときは、公開せずに一晩置いて読み返してください。その記事が自分を苦しめることになるかもしれません。

ネガティブな記事は麻薬のようなもの

ぼくには、ブログを書くにあたって特に重要な心がけとしている、4つのことがあります。「ネタフルメソッド」と呼んでいるのですが、その1つが、愚痴や批判、非難など「ネガティブなことは書かない」ということです。

気になるネタがあっても、ネガティブな内容になってしまう点には目をつぶったり（つまり、書かないでおいたり）、いい点を探してトータルではポジティブになるように書いたりします。古くからのブロガーには「ネガティブなことは書かない」をポリシーとして、公言している人が少なくありません。

もしもネガティブなことをブログに書くと、どのようなことが起こるでしょうか？　ネガティブな記事は刺激が強いため、話題になりやすく、その刺激に反応した人たちが多く集まってきます。さらに、ネガティブな記事は極端な意見が多いため、それに反対する意見も多数生まれます（いわゆる「炎上」の状態になることもあります）。ブログのコメント欄やソーシャルメディアに、たくさんの意見が書き込まれることでしょう。

考えようによっては「ページビューが集まり、話題にもなってウハウハ！」とも言えるかもしれませんが、この手法に慣れてしまうのは危険です。麻薬のようなもので、どんどん強い刺激がほしくなり、さらに極端にネガティブな記事を書いて、エスカレートしてしまうこともあります。

「仲間を得る」という目的から考えても、ネガティブな記事は問題があります。多くのネットユーザーは無用な争いを好みませんから、トラブルの多い人だと思われると、周囲から敬遠されるようになってしまいます。また、ネガティブな面の共感から仲間ができたとしても、そのような人とのつきあいは、なかなか難しいことが多いものです。

‖ 無用のストレスを避けて書き続けよう

　論争などネガティブなコミュニケーションに普通の人は慣れていないため、記事が起こす反響を見て、精神的に辛くなることも予想されます。

　経験のない人が想像する以上に、ネットで自分にネガティブな意見が向けられるのは、ストレスになります。まるで自分が記事に込めたネガティブなエネルギーが、何倍にもなって跳ね返ってきたような状態で、仕事に手がつけられなくなったり、夜に眠れなくなったりすることもあり得ます。できれば余計なストレスは避けたほうが、長くブログを続けていくためにもいいと思います。

　もちろん、ネガティブな内容だったとしても、乗り越えなければいけない問題ならば、書くべき場合もあるはずです。ぼくも、覚悟を決めて書くことが今後あるかもしれませんが、できるだけ別の方法（例えば問題に対して代案となるものをプッシュする、メールや直接の対話で解決するなど）を考えると思います。

　ネガティブな意見を書いた結果起こる反響への対応に追われて神経をすり減らすよりは、いつもどおりにブログを書き続けることを最優先したいと考えています。だから、ネガティブなことは書かないのです。　コグレ

Column

‖「ネタフルメソッド」のすすめ

　「ネタフルメソッド」とは、ネタフルを運営するうえで大事にしている、次の4つのポイントをまとめたものです。
　[ネ] ガティブなことは書かない（テクニック13）
　[タ] のしく書く（テクニック2参照）
　[フ] り返る（テクニック32参照）
　[ル] ールをつくる（テクニック1参照）
　もともとは語呂合わせから考えたものですが、いつでも頭のすみに置いておきたい心がけとして、ちょうどよくまとまっているかなと思っています。

こんな結果が出る！

1. ネガティブな記事は書かないでおくことで、無用のトラブルや周囲からの悪い印象を避けられる
2. ネガティブな記事によるストレスを避けることで、安定した気持ちで長くブログを続けられる

14 「ブログエディター」を利用して記事の執筆や管理を効率化する

ブログエディターは、いちど利用したら手放せなくなる便利さです。ぼくは、ブログエディターなしでは書けません！　と言い切ります。

▍高速・安定・高機能のブログ執筆環境

「ブログエディター」とは、ブログの記事作成や記事の管理を行うアプリです。ブログの記事作成や管理は、ブラウザーからブログの管理画面で行うものだと思っている人が多いでしょうが、いちどブログエディターを利用して便利さを知ってしまうと、ブラウザーでの作業には戻りたくなくなります。

ぼくとするぷさんはMac用の「MarsEdit」を愛用しています。Windows用では「Zoundry Raven」が人気です。この2本の基本的な機能は、よく似ています。ただし、細かな機能のできや操作性は、MarsEditのほうが上です。

記事の作成・編集機能や管理機能では、Webの管理画面とは違ってメニューを切り替えるたびにサーバーにアクセスするようなことがないため、動作が非常に高速で、オフラインでの利用も可能です（記事の投稿時など特定のタイミングでだけアクセスが発生します）。記事を書いている途中に回線トラブルが発生して文字が消えてしまう……というような悲しいトラブルも回避できます。

さらに、記事の作成・編集時には画像ファイルをドラッグして記事に挿入できるなど、Webの管理画面では実現が難しい機能も搭載されています。何枚もの写真を使った複雑な記事を作成するとき、ブログエディターの恩恵は計り知れません。ブログエディターがなければ、写真の枚数はこれくらいでいいや、位置はここでいいや、と妥協してしまうこともあるかもしれません。両者の機能について詳しくは、46、47ページを参照してください。

▍自分のブログツールに対応しているか確認が必要

ブログエディターを利用するためには、自分が利用しているブログツールに対応しているか確認しておく必要があります。MarsEditもZoundry Ravenも海外のアプリなので、海外でも利用さ

MarsEdit
Red Sweater Softwareが提供するMac用のブログエディター（3450円）。Mac App Storeで購入できる他、開発元のサイトで無料試用版のダウンロードができる
http://www.red-sweater.com/marsedit/

Zoundry Raven
Zoundryが提供する、Windows用のブログエディター（無料）
http://www.zoundryraven.com/

れているMovable TypeやWordPress、TypePadなどには対応していますが、国内のみで展開するブログサービスには、残念ながら公式には対応していません。

ただし、どちらも「XML-RPC」と呼ばれる通信方式に対応しており、同じくXML-RPCに対応したココログなどのサービスならば、設定しだいで利用できる可能性があります。 [コグレ]

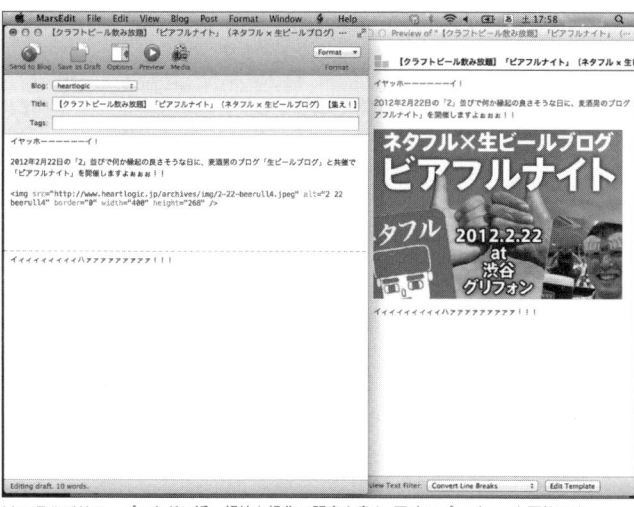

XML-RPC

ソフトウェア間でデータの転送をするための通信方式の一種。ブログエディターなどのアプリと、サーバー内のブログツールの間でデータを転送し、ブログの投稿などを行うために利用される

MarsEditではワープロなどに近い軽快な操作で記事を書き、同時にプレビューも可能です

Column

‖「ホームページ・ビルダー」もブログに対応している

ジャストシステムのWindows用ホームページ作成アプリ「ホームページ・ビルダー16（希望小売価格18800円）」は、ライブドアブログ、ココログなど国内の主要ブログサービスに対応したブログエディター機能を搭載しています。以下のURLで体験版も提供されています。

ホームページ・ビルダー
http://www.justsystems.com/jp/products/hpb/

こんな結果が出る！

1. 記事の作成・編集や管理が圧倒的にやりやすくなり、手間や時間を大幅に短縮できる

2. 作業環境が改善されることで、ブログを書く意欲がアップする心理的な効果も得られ、よりブログが楽しめる

Column

‖ Mac用ブログエディターの決定版「MarsEdit」

MarsEditはMac App Storeから購入できるブログエディターです。開発元のサイトにアクセスすると、30日の無料試用版をダウンロードできるので、最初はこちらを利用してみるといいでしょう。英語のアプリで日本語のユーザーインターフェースはありませんが、日本語のブログを管理しても文字化けを起こすようなことはなく、問題なく利用できます。対応しているブログツールは、Movable Type、WordPress、TypePadの他、Blogger（Googleが提供するブログサービス）、Tumblr（人気のミニブログサービス）などです。

記事の作成・編集画面では、基本はHTML表示（編集画面ではタグが表示され、実際の表示は別のプレビュー画面で確認する）ですが、リッチテキスト表示（編集画面がそのままプレビューになる）に切り替えることも可能です。プレビュー用にブログのテンプレートと同じHTMLやスタイルシートを適用することで、実際のブログと同じデザインを再現できることも特長です。

編集・作成画面ではドラッグして画像を挿入し、サイズの変更やアップロードもその場で行え、ショートカットキーで記事中にタグを挿入することもでき、ブログ編集時の細かな作業を、非常に効率よく行うことができます。挿入するタグの内容や、どのキーにショートカットを当てはめるかといったことも詳細にカスタマイズが可能です。そのため、オリジナルのタグ記述ルールを作っていた人でも、簡単にMarsEditで再現できます。

画像の管理には「Media Manager」という機能も利用できます。これは自分のMac内（On My Mac）、ブログのサーバー（Published）、Yahoo!が提供する写真共有サービス「Flickr」にアップロードしている画像（Flickr）のそれぞれにある画像を一覧表示し、ドラッグして記事に挿入できるものです。以前にアップロードした画像を挿入したい場合などに重宝します。

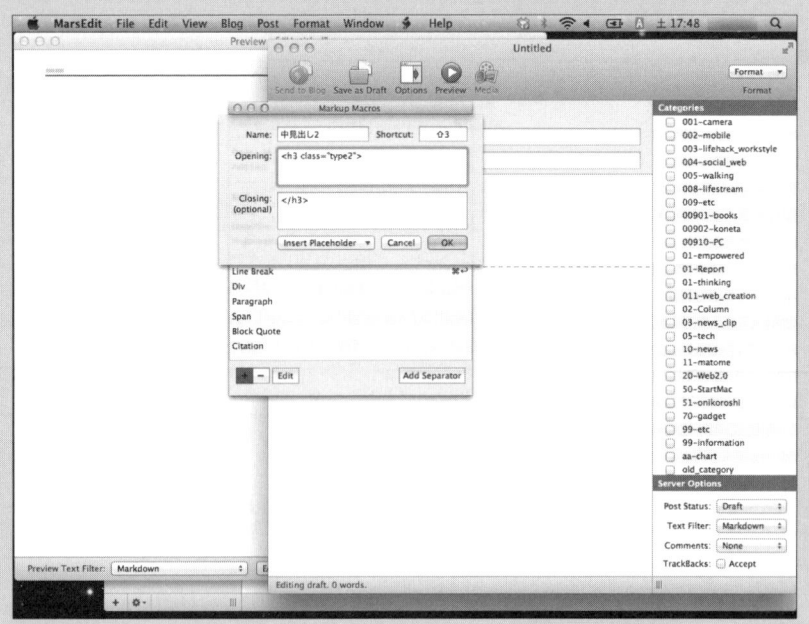

MarsEditはカスタマイズ性が高くて使い勝手のいいブログエディターで、これのためにMacが手放せないという人もいるほどです

USBメモリーで持ち歩けるWindows用ブログエディター「Zoundry Raven」

　Zoundry Ravenは無料のブログエディターです。こちらも英語のアプリで日本語のユーザーインターフェースはありませんが、日本語のブログを管理しても問題はありません。対応しているブログツールは、Movable Type、WordPress、TypePad、Bloggerなどです。

　ポータブルアプリとしてUSBメモリーなどにインストールすることが可能です。ブログの編集環境をUSBメモリーで持ち歩き、共用のパソコンなどに挿入することで、すぐにブログを書けるようになるのが、ひとつの特長となります。

　記事の作成・編集画面ではワープロのような操作性で編集ができる（Design：いわゆるリッチテキスト表示）の他、HTMLのタグを直接編集する（XHTML）こともできます。MarsEditのようなタグのカスタマイズやショートカットキーの利用はできませんが、そのかわり、タグの直接編集画面にはタグの文法チェックや、文法エラーの自動修正機能があります。またプレビュー画面（Preview）では、あらかじめ設定しておいたテンプレートを切り替えることで、実際のブログと同じデザインを再現できます。

　画像の扱いに関しては「Media Storage」という機能があり、「Media Storage Manager」で写真共有サービス「Flickr」や「Picasa ウェブアルバム（Googleが提供）」のアカウントを登録すると、ブログのサーバーのかわりに、それらのサービスに画像をアップロードして、ブログに挿入することができます。

　記事の管理画面では、作成したリンクやブログのサーバーにアップロードした画像などを一覧表示できます。また、ブログの記事をアプリ側にダウンロードする数を選択でき、過去の記事すべてをダウンロードすることもできます。　コグレ

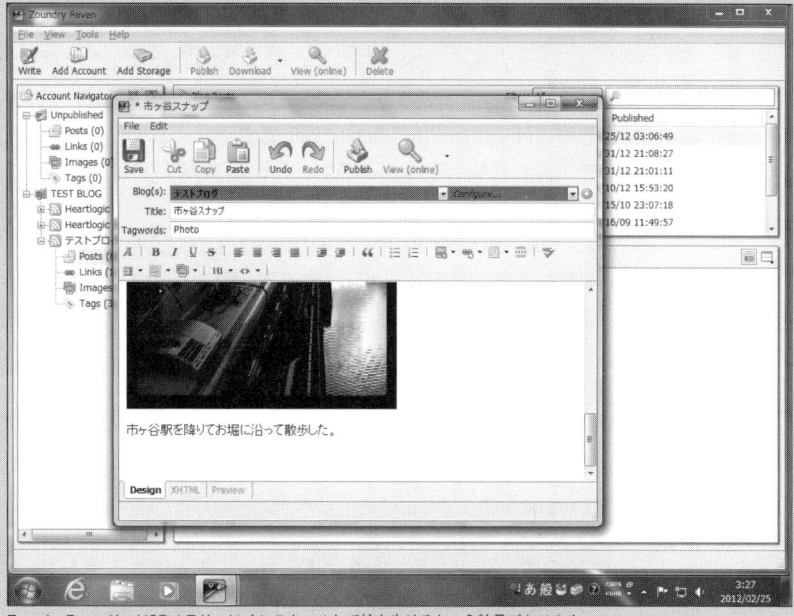

Zoundry Ravenは、USBメモリーにインストールして持ち歩けるという特長があります

15 よく使うフレーズの入力を「TextExpander」でラクにする

記事を書くときにはリズムが大事です。よく利用する長いタグやフレーズを、TextExpanderでリズミカルに入力できるようにしましょう。

Text Expander
SmileOnMyMacが提供するアプリ。Mac版（3000円）はMac App Storeで購入できる。iPhone版は450円

長い文章や複雑なタグを簡単に入力

　TextExpanderは、短い文字列を入力すると自動的に長い文字列（スニペット）に展開してくれる入力補助アプリで、Mac用とiOS用が提供されています。例えば、ぼくは「,slp」と入力すると「<a href="http://twitter.com/isloop" target="_blank">@isloop</a>」と展開されるようにしています。「;osw」で「お世話になっております。」と出るようにもできます（最初の記号は誤ってスニペットが展開されるのを防ぐために設定しているもので、何でもかまいません）。

　「要するにIMEの単語登録と同じじゃない？」と思った人もいるかもしれません。基本的にはそのとおりですが、TextExpanderには、単語登録にはできない重要な機能が、3つあります。

　1つ目は、MacとiOS機器のスニペットの設定（要するに辞書）を同期・共有できるという点。Mac、iPhone、iPadのそれぞれでブログを書くぼくにとっては非常に重要です。

　2つ目は、変換の操作が不要だという点。単語登録したフレーズを入力するためには、かなを入力→変換→確定という操作が必要ですが、TextExpanderの場合、短い文字列を入力したら、何もしなくても自動的に長い文字列に展開されます。

　3つ目は、スニペット展開後のカーソル位置を指定できる点。「<h3>%|</h3>」のように「%|」という記号を含むスニペットを設定しておくと、展開したとき自動で「<h3>」と「</h3>」の間にカーソルが移動し、H3タグにはさまれた見出しの文章を入力できます。

ブログは気持ちのいいリズムで書こう！

　ぼくは、文章を入力するときにはリズムが大切だと思っています。頭の中に浮かんだことをリズミカルに入力できる場合と、そうでない場合では、入力のスピードも、思考の深みも変わってしまいます。リズミカルな入力のために、TextExpanderは欠かせません。

スニペットを展開したときに鳴る音も気持ちよくて、ぼくにとっては重要なものになっています。ぼくのTextExpanderには仲間のブログやTwitterアカウントを紹介するためのタグ、ブログでよく使うパーツのタグなどをびっしりと登録していて、記事の中に仲間が登場するときには、必ずリンクつきで紹介する形になっています。　するぷ

TextExpanderの設定画面。❶[Content]に展開するスニペット、❷[Abbreviation]に省略形となる短い文字列を入力します

Column

‖ Windowsでは「PhraseExpress」が利用できる

　PhraseExpressは、Bartels Mediaが提供するTextExpanderと同等の機能を持つWindows用のアプリ（無料）です。Windowsのみの対応となり、スニペットの書式はTextExpanderと異なりますが、変換操作を必要としないスニペットの展開や、カーソル位置の指定もでき、同じようにリズミカルに記事を書くことが可能になります。

PhraseExpress
http://www.phraseexpress.com/

こんな結果が出る！

1　長いフレーズを少ない操作で入力できるようになる。いちど登録したものを毎回展開するので入力ミスを防ぐこともできる

2　TextExpanderを使いこなすとリズミカルで高速な文字入力ができ、気持ちよく記事が書ける

16 Webページからの引用やリンクを「ブックマークレット」でラクにする

Webページからの引用や、リンクのタグを作成するのは、意外とめんどうな作業です。「ブックマークレット」で簡単にしてみましょう。

ブックマークレット

ブラウザーのブックマークに登録して、ブックマークから選択することで起動できる簡単なプログラム。基本的にはブラウザーの種類を選ばずに利用できる

Make Link

My Utilityが提供しているブックマークレット生成サービス「Make Linkジェネレータ」で設定できるブックマークレット。Webページからのリンクや引用ができる(Mac用のSafari 5では動作しないことを編集部で確認)

http://util.geo.jp/makelinks

∥Webページからの情報取り込みを省力化

　日々ブログを書いているときに、もっとも大変な作業は何でしょうか？　ぼくはHTMLのタグを入力することだと思います。

　テクニック14のブログエディターや、テクニック15のTextExpanderを利用することでかなりラクにできますが、「<a href="http://wayoohoo.com/">和洋風◎</a>」のようなリンクのタグを入力する作業は、意外とめんどうなままです。WebページのURLとタイトルをそれぞれ調べてコピー（または入力）する必要があるためです。

　そこで、ブックマークレットを利用しましょう。ブックマークレットは表示中のWebページの情報を加工することが得意で、上記のようなリンクタグの生成などはお手のものです。

　ぼくが愛用している「Make Link」ブックマークレットならば、1クリックでURLとタイトルが抽出されたリンクタグが生成され、あとはコピーして貼りつけるだけとなります。貼りつけるまでの時間を考えても、3秒もあれば入力は完了します。

∥「手間のかかる作業」を、簡単に実現できる

　すでに本書で何度となく述べていますが、文章を「書く」以外の作業は、できるだけツールで自動化・簡易化しましょう。そのうえで、記事のクオリティも上げることができたら最高です。

　そう考えると、TextExpanderも、各種ブックマークレットも、本来なら手間をかけて入力する必要がある複雑なタグや情報の組み合わせを、簡単に入力できることに気づきます。

　例えば記事中で仲間を紹介するとき、仲間のTwitterアカウントにリンクすることは、必ずしも必要ではありません。しかし、ひと手間かけてリンクしたほうが親切だし、また、ていねいな記事だなという印象にもつながります。

TextExpanderやブックマークレットは、ただ入力をラクにするだけでなく、「手間のかかる作業」の結果を、簡単に得られるツールでもあります。積極的に活用して、記事のクオリティアップを図りましょう。次のページでは、ぼくが利用している珠玉のブックマークレットを紹介します。 [するぷ]

Make Linkジェネレータで設定したブックマークレットをブックマークに登録したら、❶ブックマークバーやブックマークの一覧から選択します

ブックマークが作動し、❶ページの上部にリンクタグが生成されました。これをコピーして記事に貼りつけます

こんな結果が出る！

1 ブックマークレットを利用することで、リンクタグなどの入力をラクにでき、記事作成の効率が上がる

2 手間がかかった印象を与える記事を、実際にはほとんど手間をかけずに作成できる

Column

ブログに使えるおすすめのブックマークレット

　ぼくがおすすめする、いくつかのブックマークレットを紹介します。まず前ページで紹介した「Make Link」について補足します。最初のフォーマットとして設定されている「<a href="%url%">%title%</a>」はシンプルなリンクタグですが、Make Linkジェネレータでこれを編集して「<blockquote>%text%
<a href="%url%">%title%</a></blockquote>」のようにすると、ブックマークレットを起動するときに選択していた文字の引用したリンクを作成できます。ニュースサイトなどから一部を引用した記事を書くことが多い人には、とても重宝するブックマークレットになります。

サムネイルつきでWebページへリンクする「ShareHtml」

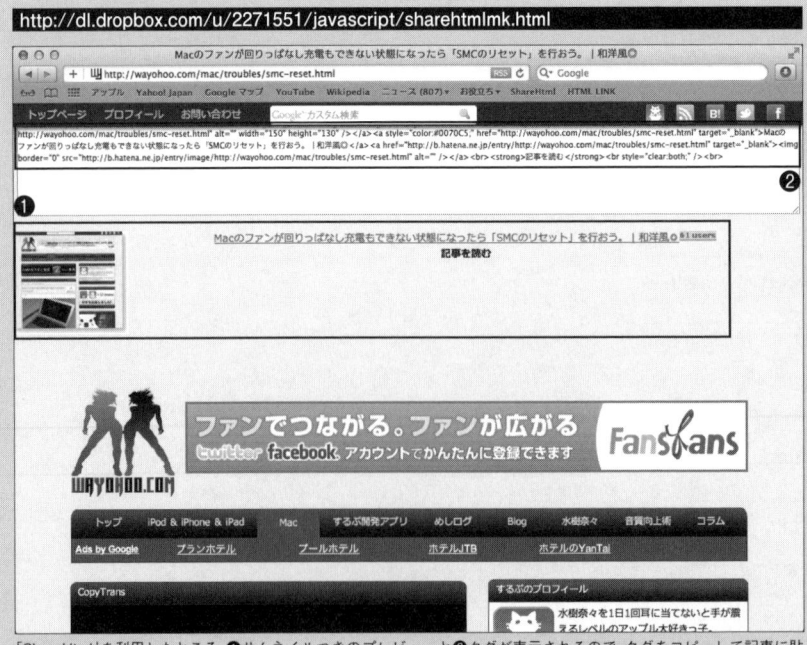

　「ShareHtml」は表示中のWebページへリンクするタグを、そのページのサムネイルつきで作成するブックマークレットです。「ShareHtmlメーカー」では、サムネイルの大小や表示位置を選択して設定できます。またiPhoneのSafari用ブックマークレットとして利用することもでき、タグの出力方法として「Textforce（テクニック28で紹介するiPhone用テキストエディター）」や「DraftPad（iPhone用メモアプリ）」「するぷろ for iPhone（テクニック29で紹介するiPhone用ブログエディター）」を選択できます。

ShareHtmlメーカー
http://dl.dropbox.com/u/2271551/javascript/sharehtmlmk.html

「ShareHtml」を利用したところ。❶サムネイルつきのプレビューと❷タグが表示されるので、タグをコピーして記事に貼りつけます

ツイートの紹介が便利になる「FavHtml」

「FavHtml」は、Twitterで自分がお気に入りに追加しているツイートの中から、特定のキーワードを含む一定の時間内に投稿されたツイートを、HTMLのタグとして出力するブックマークレットです（Mac用のSafari 5では動作しないことを編集部で確認）。

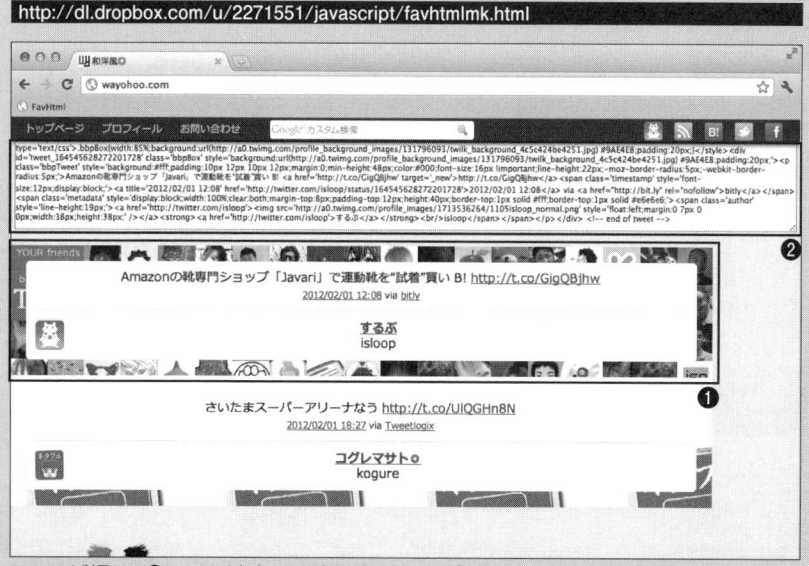

「FavHtmlメーカー」で自分のTwitterのID、時間の初期値などを設定したら、紹介したいツイートをお気に入りにします。ブックマークレットはどのページを表示中に起動してもかまいません。[Input keyword of Favorite]にキーワード（空欄にすればすべて）、[How many hours before]に時間を入力すると、ツイートを紹介するためのタグができあがります。時間はお気に入りに追加した時刻に関係なく、ツイートされた時刻までの時間であることに注意しましょう。

ShareHtml、FavHtmlは、「普通のサラリーマンのiPhone日記（http://iphone-diary.com/）」のhiro45jpさんが提供しています。

FavHtmlメーカー
http://dl.dropbox.com/u/2271551/javascript/favhtmlmk.html

FavHtmlを利用して、❶ツイートを紹介するタグを生成したところ。❷ユーザーのアイコンや背景画像が使われた、わかりやすい画面になります。

Webサービスのブックマークレットを活用する

本書でここまでに紹介した、Googleリーダー（テクニック3参照）やInstapaper（テクニック7参照）も、ブックマークレットを提供しています。Googleリーダーは[Googleリーダー設定]-[追加機能]から、表示中のWebページのフィードをGoogleリーダーに登録するブックマークレットを追加できます。Instapaperでは[Extras]から、表示中のWebページをInstapaperに保存する「Read Later bookmarklet」を設定できます。これらを利用することで、サービスをより簡単な操作で、パワフルに使いこなせるようになります。 するぶ

17 ブログの記事作成に役立つ拡張機能でブラウザーを強化する

ブログを快適に書くためには、自分仕様のブラウザーが欠かせません。ここでは「Google Chrome」を対象に、おすすめの拡張機能を紹介します。

Google Chrome
Googleが提供するブラウザー（無料）
http://www.google.co.jp/chrome/

Google Chromeの拡張機能
Google Chromeにインストールして、さまざまな機能を加えるソフトウェア。Googleが提供する「Chromeウェブストア」からインストールできる
http://chrome.google.com/webstore/

Keyconfig
os0x氏、edvakf氏、Yuichi Tateno氏が提供するGoogle Chrome拡張機能（無料）。Chromeウェブストアからインストールできる

拡張機能で隙のない快適環境を作る

あたりまえの話ですが、ブログを書くときにもっともよく利用するアプリは、ブラウザーです。ブログの記事作成に役立つ機能拡張をインストールして、チューンアップしましょう。

そのためのカギになるのが、拡張機能です。テクニック16で紹介したブックマークレットはどのブラウザーでも利用できるかわりに、機能は限定的なものです。一方、拡張機能はブラウザーごとに異なるかわりに、強力な機能を持っています。

人によって愛用のブラウザーは違いますが、現在ぼくもコグレさんもメインにしているGoogle Chromeを中心に、おすすめの拡張機能を3つ紹介します。他にも便利な拡張機能はありますが、インストールしすぎるとブラウザーの動作が重くなってしまうことがあります。厳選して利用しましょう。

ショートカットキーを拡張する「Keyconfig」

もっともおすすめの拡張機能です。これがあるからGoogle Chromeを利用していると言っても過言ではありません。

ショートカットキーにさまざまな機能を割り当てることができ、ショートカットキーからブックマークレットを起動することも可能です。テンポよくブログを書くためには必須です。

情報収集を快適にする拡張機能

各種サービスのパスワードを管理する「1password（別途Mac版またはWindows版の購入が必要）」はパスワード入力の手間を省いてくれます。分割されたWebページを自動的につなげる「AutoPager Chrome」はページ切り替えの手間を省いて、Web検索などの利用を快適にします。この2つと同様の拡張機能は、他のブラウザー向けにも提供されています。 〔するぷ〕

Keyconfigを利用すると、任意のキーに対して任意の機能を割り当てたショートカットキーを設定できます

1password

AgileBitsが提供するパスワード管理アプリ。Windows版はサイトから49.99ドルで、Mac版はMac App Storeから4300円で購入可能。そのうえでブラウザー用の拡張機能を利用する

https://agilebits.com/onepassword

Autopager Chrome

Wind Li氏が提供するGoogle Chrome拡張機能(無料)。Chromeウェブストアからインストールできる

Column

‖ Keyconfigでブックマークレットの利用を設定する方法

ショートカットキーでブックマークレットを起動するには、以下の4手順で設定を行います。①ブックマークから起動したいブックマークレットを右クリックして[編集]をクリックし、[ブックマークを編集]が表示されたら[URL]の文字列をすべて選択してコピーします。②拡張機能のメニューから[Keyconfig]の[オプション] - [Actions]をクリックします。③上の画面写真の画面が表示されるので、[type key here]をクリックしてショートカットキーを押し(例えば[Alt] + [F]キーを押すと[M-f]と表示されます)、[Add]をクリックします。これでその下のショートカットキーの一覧に今押したショートカットキーが表示されます。④表示されたショートカットキーの[アクションなし]をクリックして[go to #1]をクリックし、表示された[URL]にコピーした文字列を貼りつけ、[NAME]には適当な名前を入力します。以上で設定完了です。Google Chromeを再起動すると、ショートカットキーでブックマークレットが起動します。

こんな結果が出る！

1 拡張機能によって操作を自動化・簡易化して、作業の時間を短縮できる

2 快適なブラウザー環境を手に入れることで、ネタ収集や調べ物などが楽しくなる

18 ブログ向けのデジタルカメラは「コンパクト」+「マクロ性能」で選ぶ

ブログのために写真は重要です。イベントレポートや食事レポートなど、さまざまな場面で活躍できるデジカメを選ぶポイントを紹介します。

ホワイトバランス、露出

ホワイトバランスは撮影する場所の光源に合わせて色合いを調整し、黄色がかったり青みがかったりした写真にならないようにするための機能。露出とは、写真全体を明るめに撮影するか、暗めに撮影するかの調整機能。スマートフォンのカメラでは自動的に調整され、自分の好みの設定にすることは難しい

マクロ

「接写」とも言う。被写体に近づいて、細部の様子まで撮影すること

ズーム

望遠鏡で覗いたときのように、遠くにある被写体を大きく撮影すること

‖ 1枚の写真が、記事に説得力や臨場感を与える

「百聞は一見にしかず」と言われるように写真は雄弁で、いくら言葉を尽くしても説明しきれないことを、1枚の写真が伝えてしまうこともあります。特に実際に見たことや体験したことを伝えるレポート記事では、写真は絶対必要なものだと考えましょう。

というわけで、ブロガーたるもの常にデジカメを持ち歩き、ネタになるできごとがあったら、サッと取り出して写真を撮れるようにしていなくてはなりません。

最近ではスマートフォンでも美しい写真を撮影でき、実際にiPhoneで十分な場面もありますが、デジカメが優れているのは、ホワイトバランスや露出などの設定を自分で変更して、意図したとおりの写真を撮影できる点です。よりきれいな写真を撮るためには、簡単な写真の勉強もしておいたほうがいいでしょう。

ブログのためにデジタル一眼レフカメラを利用している人も少なくありませんが、ぼくは挫折しました。パソコンなど一式と一緒に持ち歩くとなると、重すぎることが理由です。持ち歩きが苦にならないならば、一眼レフの画質は強い武器になると思います。

‖ マクロ撮影は強力な武器になる

ぼくがデジカメを選ぶときの基準は、まずコンパクトで、いつでも持ち歩けること、そしてマクロ撮影の性能がいいことです。マクロ撮影は、ガジェットや料理を撮影するときに威力を発揮します。数cmまで接近して、読者が「自分もほしい！」「食べたい！」と思ってしまうような、迫力のある写真を撮影できることが望ましいです。

個人的にはリコーの「GR DIGITAL」シリーズを長く愛用しています。非常にコンパクトなボディで、マクロ撮影では1cmまで接近でき、立体感のある写真を撮ることができます。

ただ、GR DIGITALシリーズはズーム撮影が弱いので(「GR

DIGITAL Ⅳ」は35mm換算で28mmの単焦点レンズ)、登壇者に近寄りにくいイベントの撮影などが多い人は、それなりのズーム性能もある機種を選んだほうがいいでしょう。ぼくは、140mmまでのズームができるキヤノンの「PowerShot G11」をサブカメラとして利用しています。 コグレ

リコー「GR DIGITAL Ⅳ(2012年2月時点の実勢価格:65000円前後)」。1cmからのマクロ撮影が可能で、一眼レフカメラも顔負けの画質が得られます

Column

‖ 写真を「Eye-Fi」で転送する

アイファイジャパンが提供する無線LAN搭載のSDカード「Eye-Fi」シリーズ(5980円より)は、無線LAN環境があれば、撮影した写真をその場でパソコンや各種Webサービスに転送できます。また、スマートフォン用アプリ(iPhone / Android)を利用して「ダイレクトモード」機能を利用すると、撮影した写真をスマートフォンに転送することが可能です。撮影した写真をすぐブログに使いたい! というとき、Eye-Fiはカードを抜き差ししなくても写真を取り込めるため、わずらわしい操作を省略できて、非常に強力な味方になります。

Eye-Fi
http://www.eyefi.co.jp/

こんな結果が出る!

1 いいカメラで撮影した写真があるだけで、記事の説得力が上がる。読者からいい評価を得ることもできる

2 カメラを持ち歩くことで、気になるものを写真にメモする習慣がつき、ブログのネタを増やせる

19 手軽なキャプチャーアプリ「Jing」で画面写真を撮影する

Webサイトの紹介やアプリのレビューなどでは、画面キャプチャーが必要になります。手軽で高機能な「Jing」を利用しましょう。

Jing
TechSmithが提供する画面キャプチャーアプリ(無料)
http://www.techsmith.com/jing.html

画面キャプチャーをいつでも撮れるようにしておく

ブログの有力なネタのひとつに、新しいWebサービスの紹介や、アプリのレビューがあります。ネタフルでも、これらは定番となっています。

こうしたネタは、文章だけでは伝わりにくいので、実際の画面を見せつつ解説を加えるような形で書いていくのがポイントです。操作の説明などは、文章だけではちょっとわかりません。

画面を見せるためには画面キャプチャー（スクリーンショット）を撮る必要がありますが、OS標準の機能では、いまひとつ使い勝手がよくありません。使いやすい画面キャプチャーアプリを、常に準備しておきたいものです。

そこでおすすめなのが、Windows、Macの両方で利用できる「Jing」です。

Jingでキャプチャーを開始したところ。撮影するウィンドウをクリックし、Jingのウィンドウが表示されたら[Capture Image]をクリックすると静止画のキャプチャーになります

重複しにくいファイル名が便利

　Jingは静止画と動画での画面キャプチャーが可能なアプリです。有料の「Jing Pro」も提供されて、動画をすぐにYouTubeで共有できるなど、主に機能関連の機能が強化されますが、ブログで利用する静止画のキャプチャーには無料版で十分です。

　Jingはいちど起動すると画面の端に常駐し、マウス操作かショートカットキー（hotkey。あらかじめ設定しておく必要があります）でキャプチャーを開始します。キャプチャーした画面写真を加工して、矢印や文字を描き加えることもできます。

　「Jing」で気に入っているのは、ファイル名の取り扱いです。半角英数文字であるうえに、ファイル名が「2012-03-20-1724」のようにキャプチャーした日時を指すものになります。このようなファイル名は過去の画像ファイルと重複する可能性が低く、そのままサーバーにアップロードしても問題がありません。 コグレ

キャプチャーが完了した状態。❶ここのツールを利用して加工が可能。❷[Save]をクリックしてファイルを保存します

こんな結果が出る！

1　画面キャプチャーを簡単に撮影でき、扱いやすいファイル名がつく

2　画面キャプチャーを活用したサービス紹介やアプリレビューなどでネタの幅が広がり、ブログをさらに楽しめる

20 ブログの写真はできるだけ自分のサーバーに置く

ブログで使う写真は、どこに置いていますか？ 写真共有サービスを利用するのも便利ですが、ぼくは自分のサーバーに置くことおすすめします。

ネフタルの写真はすべて自分のサーバーにある

写真共有サイト「Flickr」は、ブロガーにも絶大な人気があります。年間24.95ドルのProアカウントになればいくらでも写真をアップロードでき、その写真をブログに挿入するためHTMLのタグを生成するツールもたくさんあります。

挿入するときに写真のサイズを変更したり、加工したりもできます。また、さまざまなサービスやアプリが、Flickrに簡単に写真をアップロードできる連携機能を持っています。作業の効率化や、自分のブログのサーバーの容量節約を考えれば、Flickrを利用するのは当然の選択と言えます。

しかし、ぼくはFlickrをブログの写真置き場には利用していません。少し手間がかかりますが、ブログ用の写真はすべて自分で写真

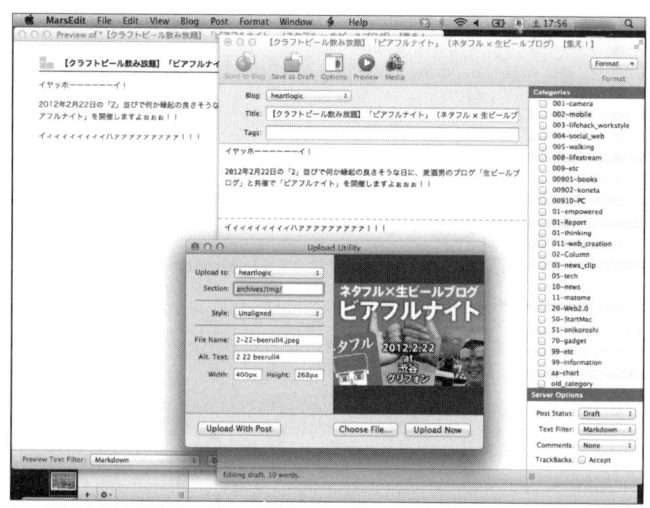

Flickr
Yahoo!が提供する写真共有サービス。無料でも利用できるが、アップロードできる枚数が制限される
http://www.flickr.com/

MarsEditを利用すれば、サーバーへの写真のアップロードや管理を快適に行えます（Zoundry Ravenでも同様のことが可能です）

を加工して、ネタフルのサーバーにアップロードしています。テクニック14で紹介したMarsEditを利用すれば、それほど手間が増えるわけではありません。

‖自分のサーバーに置けばリスクを最小にできる

なぜ、このようにしているかというと、Flickrのサービスが終了してしまったときのリスクを考えているためです。Flickrからブログの記事に写真を挿入するとき、HTMLのIMGタグでFlickrにある写真のパーマリンクを指定しますが、サービスが終了してしまったら、そのパーマリンクは消滅し、写真が表示されなくなってしまう可能性があります。

これは「Flickrは危ない」という意味ではありません。どちらかといえば、人気サービスのFlickr"ですら"、例えば10年後にサービスが続いているかというと、確証はないということです。

仮に終了するとしても、Flickrのパーマリンクが何らかの形で維持されるかもしれません。しかし、10年後も20年後もブログを続けるつもりのプロ・ブロガーとしては、そこまでのリスクも考慮しておく必要があると考えています。

このようなことを考え出したらきりがないことは重々承知しています。しかし、写真に関しては、それほど重くはない努力で外部サービスに依存するリスクを減らすことができるため、ぼくはこのようにしています。

ネタフルでは、アフィリエイト関連のものを除き、すべての画像は自分のサーバーに置き、ブログツールもサーバー内のMovable Typeです。サーバーの引っ越しが必要なときには、すべてのファイルを移動するだけで完了します。これならば、レンタルサーバーという業態がなくならない限り……いよいよ困ったときには自分でサーバーを設置すれば、いつまでもブログを続けられます。

便利なサービスを利用しないぶん、画像の加工などは自前の環境でできるようにしておく必要があります。そのための方法は、次のテクニック21で紹介します。　コグレ

こんな結果が出る！

1 | 自分のサーバーに写真を置くことで、外部サービスに依存するリスクを減らすことができる

2 | 外部サービスが終わることを考慮に入れておくことで、安定して長期的にブログを続けられる

21 写真の編集に「Photo editor online」を利用する

ブログには見栄えのいい写真を使いたいものです。フォトレタッチアプリのように使える、無料のオンラインサービスを覚えておきましょう。

Photo editor online
Autodeskが提供するWeb上のフォトレタッチサービス(無料)
http://pixlr.com/editor/

ブラウザー上で写真のレタッチができる

　ブログの記事に挿入する写真を編集するとき、どのようにしていますか？　いつもは「撮って出し」で編集はしないという人でも、たまに編集する必要に迫られることはあるでしょう。ブログ用の写真でよくあるのは、「リサイズ(拡大・縮小)したい」「必要な部分だけを切り抜きたい」「一部をぼかしたい」「説明のために線や文字を入れたい、といったものです。

　しかしフォトレタッチアプリは持っていない、困った！　という人には、無料で使えるオンラインのフォトレタッチサービス「Photo editor online」をおすすめします。

　写真のリサイズ、色調補正、切り抜き、ぼかし、図形や文字の挿入、さらには作業効率を上げるレイヤーや履歴機能など、一般的なフォトレタッチアプリにある機能はひととおり利用でき、ブログ向けの

写真のリサイズや切り抜き、図形や文字の挿入、ぼかしなどの、ブログでよく必要になる編集が可能です

画像加工には十分すぎるほどです。しかも日本語に対応していて、動作も高速。コピーや貼りつけなどは、ショートカットキーによる操作も可能です。

記事のためのちょっとした編集には最適

ブログのために市販のフォトレタッチアプリを買おうかな、と考えている人も多いと思います。

ぼくはAdobe Photoshopも持っていて、コラージュの作成などの高度な作業には、こちらを利用します。しかし、Photo editor onlineのほうが速く起動するので、ちょっとした編集には、よくこちらを利用します。文章が主体のブログで、写真もある程度きれいなものを使いたい、という人には、これで十分でしょう。

ブログのテンプレートを自分でカスタマイズしたり、写真に力を入れたりしたくなると、力不足を感じるかもしれません。そのときは、市販のアプリの購入を検討してみましょう。 するぶ

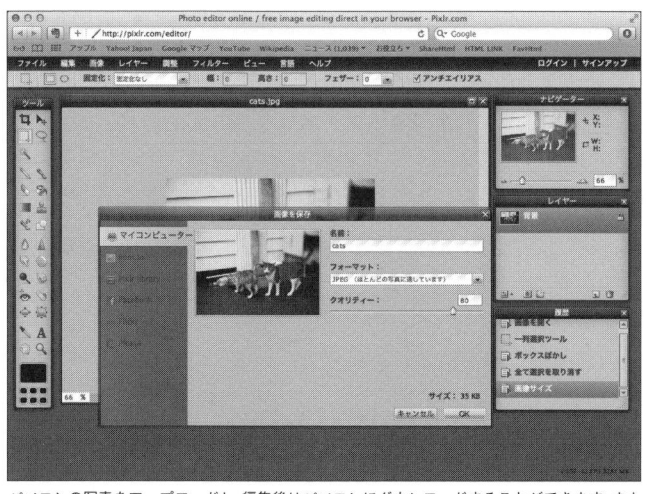

Ps Adobe Photoshop

Adobe Systemsが提供する、プロ向けのフォトレタッチアプリ（Windows、Macとも直販価格95000円）。一般ユーザー向けの「Adobe Photoshop Elements（Windows用、Mac用とも直販価格14490円）」もある

パソコンの写真をアップロードし、編集後はパソコンにダウンロードすることができます。またFlickrやFacebookへのアップロードも可能です

こんな結果が出る！

1 | 無料のサービスで、いつでも記事に必要な写真を編集できる

2 | 出先で急に写真の編集が必要になった場合などでも対応でき、作業がスムーズになる

22 たくさんの写真を記事に使うときはアプリで一括処理する

写真をたくさん使うブログでは、ファイル名やサイズを一括変換できると作業がラクになります。そのためのアプリを用意しておきましょう。

‖ 写真の一括リサイズ、リネームを簡単にする

　ブログにデジカメで撮影した写真を何枚も記事に使うときには、すべてを一括でブログに合うサイズにリサイズしたり、リネーム（ファイル名を変更）したりできると便利です。

　写真をサーバーにアップロードするときに、過去にアップロードした写真に同じファイル名のものがあると、上書きしてしまって過去の写真が消えるおそれがあり、注意しなければなりません。テクニック19でJingの気に入った点としても触れましたが、ファイル名に記事の公開日か、撮影した日をつけるようにすると、過去の写真との重複を避けやすくなります。

　さらに、ファイル名はきちんと内容に即したものにしておいた方がSEOの効果が高いと言われます。例えば、Macを撮影した写真を10枚使いたいのであれば、「mac_20120320_01.jpg」〜

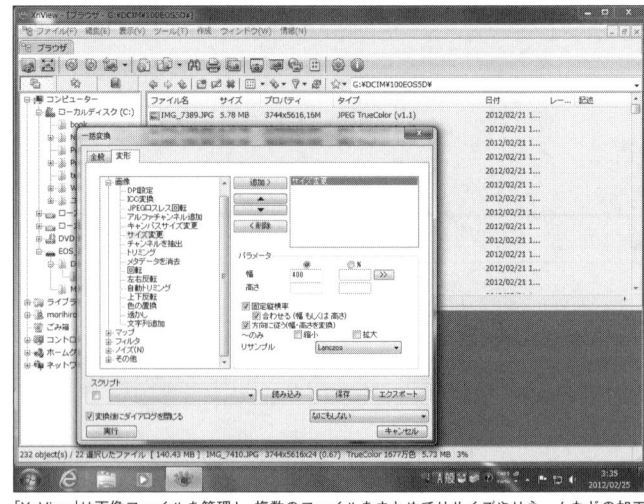

「XnView」は画像ファイルを管理し、複数のファイルをまとめてリサイズやリネームなどの加工ができるアプリです

「mac_20120320_10.jpg」のような連番のファイル名にすることで、管理しやすく、SEO効果も高くなります。

　Windows、Macとも、このような機能を持ったアプリはたくさんあります。ぼくは操作の簡単さと設定の柔軟さが決め手で、一括リサイズには「ResizeIt」、一括リネームには「Name Mangler」というMacのアプリを利用しています。Windowsでは「XnView」という、リサイズもリネームも一括でできる強力なアプリがあるので、こちらをおすすめします。 コグレ

Column

‖ Macの「Skitch」は画像編集が楽しくなるアプリ

　Evernoteが提供する「Skitch」は、独特の楽しいユーザーインターフェースが人気のMac用画像編集アプリ（無料）です。画面キャプチャーを撮影して編集を行うとき、リサイズはウィンドウの縁をドラッグして行い、切り抜きは画像の上下左右の端をドラッグして行うようになっていて、非常にユニークです。[Resize]をダブルクリックすると、数値を入力してのリサイズも可能です。

　また、図形や文字を描き加えることもできます。このあたりの機能はJing（テクニック19参照）によく似ていますが、Jingよりも見栄えのいい加工がしやすい機能がそろっています。図形にはフリーハンド、直線、丸、四角形、矢印、そして塗りつぶしがあり、利用できる色には、赤、黄色、ピンクといった色に加えて、半透明の黄色と黒があります。半透明の黄色は目立たせたい部分に、黒は目立たせたくない部分に利用すると、メリハリがつきます。

　さらに、矢印は太さに強弱（最初は細く最後は太い）がついてわかりやすく、文字は自動的に縁取りがついて読みやすくなるなど、画面キャプチャーに説明を書き加えたいブロガーの気持ちをよくわかってくれている！　と感じられる機能で、とても簡単な操作で効果的な説明図を作ることができます。

　iPad用アプリ（無料）、Android用アプリ（無料。Android Marketからダウンロード可能）も提供されています。

Skitch
http://skitch.com/jp/

ResizeIt

関根延篤氏が提供するMac用の画像ファイル一括リサイズアプリ（無料）。ファイル形式の変換もできる

http://homepage.mac.com/nsekine/SYW/software/japanese/resizeit/index.html

Name Mangler

Many Tricksが提供するMac用のファイルネーム変換アプリ（850円）。Mac App Storeから購入できる。シンプルな操作と高速な動作が特長

XnView

Michel Saintourens氏が提供するWindows用の画像管理／ビューアーアプリ（無料）。400種類以上の画像形式に対応し、柔軟な設定による一括リネーム、リサイズ、ファイル形式の変換などができる。MacやLinuxにも対応した「XnViewMP（マルチプラットフォーム）」の開発が進められており、Mac用のベータ版もダウンロード可能

http://www.xnview.com/

こんな結果が出る！

1　リサイズやリネームをアプリで一括処理することで、作業の手間を大幅に減らすことができる

2　サイズとファイル名のそろった写真ファイルを簡単に加工できることで、写真入りの記事が作成しやすくなる

23 無料写真素材サービス「足成」の写真を使って記事をいろどる

写真で記事をいろどることは効果的ですが、いつも自分で撮るのは難しいです。無料の写真素材が利用できる「足成」で探してみましょう。

足成
無料の写真素材サービス
http://www.ashinari.com/

美しい無料写真が50000点以上利用できる

テクニック11で視覚的なメリハリをつけるためにアイキャッチとして写真を使うことを紹介しました。記事の内容に合った写真を挿入することで、本文に興味を持ち、読んでもらいやすくなる効果があります。

和洋風◎では、必ず記事の最初にアイキャッチを入れるようにしています。また記事が長くなるときには、小見出しのすぐ下などにアクセントとして写真を使うこともあります。

このように効果的な写真ですが、あらゆるテーマに合った写真を自分で撮って用意しておくことは無理です。フリーの写真素材集などを利用しましょう。ぼくは無料写真素材サービスの足成を、よく利用しています。

足成には日本全国のアマチュアカメラマンが撮影した写真が提

足成ではカテゴリーからの絞り込み、またはキーワード検索で写真を探すことができます。利用にあたっては利用規約を確認しておきましょう

供されていて、市販の素材集ではみつけにくい日本の普通の街の風景や、日本人モデルの写真も利用できます。ときには、写真から記事のインスピレーションが得られることもあるでしょう。写真点数は50000点以上あり、どの写真も質が高く、しかも利用にあたってクレジットを表記したりリンクしたりする必要もないという、非常に利用しやすいサービスです。

　ちなみに、それぞれの写真にはコメント欄があります。気に入った写真にはコメントを書くと、素材を提供してくれたカメラマンに喜んでもらえるかもしれません。

写真の使いすぎには注意

　足成ではクオリティの高い写真がたくさんみつかるので、ついつい予定以上に写真を使いたくなるかもしれません。しかし、必要以上に写真があっては、かえって読みにくくなってしまいます。

　また、スマートフォンなど、あまり高速でない回線で接続している読者にとっては、画像が多すぎると表示が遅くなり、途中で読むのをあきらめられてしまうかもしれません。適度な点数を見極めて写真を利用するようにしましょう。 するぶ

Column

Flickrでブログに使える写真を探す

　Flickrで公開されている写真には、クリエイティブ・コモンズ・ライセンスで第三者の利用を許可しているものが多数あります。Flickrの「Advanced Search」のページで「Only search within Creative Commons-licensed conten（クリエイティブ・コモンズ・ライセンスがついたもの）」と「Find content to use commercially（商用利用可。ブログは商用とは言えませんが安全のため）」「Find content to modify, adapt, or build upon（改変可）」の3つにチェックして検索しましょう。

Flickr Advanced Search
http://www.flickr.com/search/advanced/

こんな結果が出る！

1 写真をたくさん利用することで記事がはなやかになり、文字だけのブログよりも読者に興味を持ってもらいやすくなる

2 さまざまな記事のテーマに合わせた写真を手に入れられる。ときには記事のインスピレーションが得られる

24 ブロガーの モバイルパソコンは バッテリー重視で選ぶ

ブロガーの「ノマドブロギング」に欠かせないパソコンを選ぶための基準は明確です。バッテリーが長持ちすることを重視しましょう。

> **ノマドブロギング**
> 1つの場所にとらわれず、さまざまな場所を移動しながら作業をするスタイルを表す「ノマドワーキング」をもじった言葉

▍バッテリー駆動時間が最重要ポイント

外出先でブログを書く——いわゆる「ノマドブロギング」には、いいことがいろいろとあります。旅行のレポートをその日のうちに書いたり、出張中や外出中の空き時間に書いたりできます。また、家を出て喫茶店などでブログを書くことは気分転換になり、新しいネタや、新しい書き方のアイデアをみつけることもできるでしょう。

最近ではスマートフォンやタブレットでブログを書くためのアプリやサービスも充実していますが、ここでは、あくまでもパソコンでブログを書くことを考えます。

ブログ用のパソコンを選ぶための大事な基準は1つだけです。それは「バッテリーが長持ちする」ということです。もちろん、持ち運びやすい軽さも重要ですから、1.5kg前後からそれ未満の、モバイルパソコンと呼ばれるカテゴリから選びます。

旅行中などでは、長時間電源が確保できないこともあります。また、出張など仕事のために持ち歩くパソコンをブログにも使う場合、仕事が終わったのでブログを書こうと思ったらバッテリーがなくなっていた……ということになっては残念です。

言い方を変えると、ブログのためのパソコンにはそれほど高い処理能力も、大きなハードディスク容量も必要ありません。バッテリーが長持ちして、ストレスなくブログを書く環境を確保できることが、もっとも重要です（合わせて通信環境も必要になります。通信環境についてはテクニック25を参照してください）。

▍MarsEditが使えるMacがおすすめ

著者2人は「MacBook Air」を利用しています（ぼくが13インチ、するぷさんが11インチ）。ぼくが13インチを選択したのは、バッテリー駆動時間を重視してのことでした。カタログスペックでは7時間、実際に利用していて、およそ4時間は使うことができます。イベント1、

2回分のレポートをする、打ち合わせ前に喫茶店でブログを書き、打ち合わせ中に利用し、さらに打ち合わせ後にもブログを書く、といった使い方が可能です。

4時間以上電源が確保できない可能性があるときには「HyperJuice」というというMacBook用のモバイルバッテリーも利用します。最小容量の製品（60Wh）で最大12時間の動作が可能とされ、実際に、本体の動作時間を倍以上にすることができます。

Windowsパソコンでは、16時間駆動をうたうパナソニック「Let's note CF-SX1」シリーズをはじめとして、長い駆動時間を誇る製品が多数あります。

WindowsとMacのどちらか一方でないとできないことは、基本的にありません。しかし、著者2人はMarsEdit（テクニック14参照）の使いやすさは、ブログのキラーアプリと言っていいと考えています。仕事の都合などでWindowsパソコンが必須だという人を除いて、WindowsかMacかを迷っている人には、Macをおすすめします。 コグレ

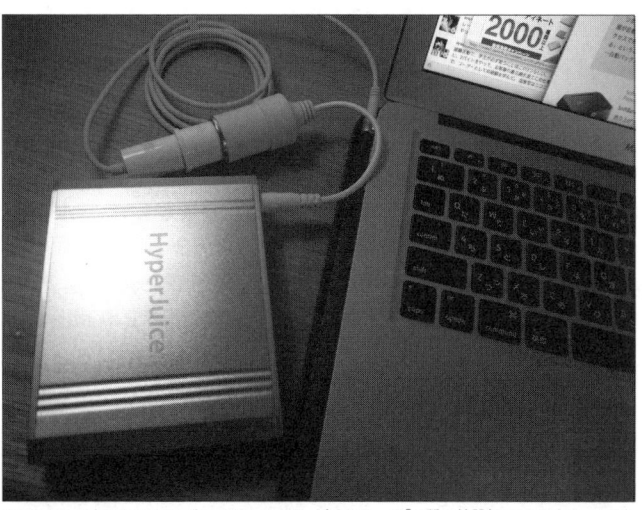

HyperJuice

SANHOが提供するMac用の外部バッテリー。日本では複数のショップが輸入販売をしている。最小容量の「MBP-060（60Wh／16000mAh、360g）の販売価格は2万円台から

MacBook AirとHyperJuice、そしてMarsEditは、ぼくにとって「三種の神器」のようなもの。これなしでブログは続けられません

こんな結果が出る！

1. バッテリー駆動時間の長いモバイルパソコンを利用することで、外出先でブログを書く時間を多く確保できるようになる

2. 旅行やイベントなど、外でのできごとについて、印象が新鮮なうちに書けるようになる

25 外出先でもブログを投稿するために通信回線を確保する

外出先でブログを投稿するためには、通信回線が必要です。予算別に通信回線を確保する方法を紹介します。

モバイルWi-Fiルーターは月額5000円前後が目安

テクニック24でも触れたように、外でブログを書くことはいろいろと有意義です。ぼくは家にいるとついテレビやマンガの誘惑に負けてしまうので、家でしかできない作業がある日以外は、できるだけ外に出るようにしています。

外出先でパソコンからブログを投稿するためには、通信回線をどう確保するかは重要な課題です。

もっとも使いやすいのは、各携帯電話キャリアの提供するモバイルWi-Fiルーターです。ぼくはブログを書くことが仕事でもあるので、サービスエリアの広さを重視してNTTドコモのFOMA回線を利用するモバイルWi-Fiルーターを利用しています。しかし、月額料金が高額（「定額データスタンダード割2」で月額5460円）なのがネックです。

モバイルWi-Fiルーターでも比較的低価格なのは、コグレさんも利用しているイー・モバイル（2012年5月31日まで実施中の「EMOBILE G4モバイルキャンペーン」で月額3880円）や、UQ WiMAX（「UQ Flat年間パスポート」で月額3880円）です。サービスエリアはNTTドコモにおよびませんが、そのかわり安く、通信速度が高速なのも魅力です。

その他、現在は「MVNO」という、各キャリアの回線を利用して低料金で通信サービスを提供する事業者も増え、安いサービスが次々と登場しています。モバイルデータ通信サービスは過当競争化しているため、販売店で情報を集めてみると、加入料無料や月額料金が数カ月無料など、お得な条件を提示されることもあります。

モバイルWi-Fiルーターの料金は高いですが、「収入を得る」という目標を考えるとき「毎月モバイルWi-Fiルーターの月額料金分稼ごう」という目標を立ててみるのも悪くありません。月に5000円の収入は、月間およそ1〜3万ページビューほどのブログならば達成できるでしょう。

月額500円未満ですませたいなら公衆無線LAN

　数千円の通信料金はちょっと出せないな……という人には、公衆無線LANをおすすめします。公衆無線LANサービス「Wi2 300」は月額380円で、外出先の喫茶店やファストフード店などで高速な無線LANを利用可能です。

　ただし、利用できるのはアクセスポイントがある場所だけに限られるので、あらかじめ行動範囲内にあるアクセスポイントを調べておきましょう。

　利用しているプロバイダーや携帯電話キャリアなどによっては、公衆無線LANサービスを割引価格で利用できることもあります。ぼくはNTTドコモの「Mzone」と、Yahoo! JAPANの「Yahoo!無線LANスポット」を利用しています。

無料で利用できる公衆無線LAN「FREESPOT」

　「FREESPOT」は月額料金がかからず、無料で利用できる公衆無線LANサービスです。全国、さらには海外も含む喫茶店やホテルのロビーなど9000カ所あまりのアクセスポイントが提供されています。近くにアクセスポイントがあれば、お金をかけずに利用でき、非常にラッキーです。　するぷ

Column

超おすすめのノマドスポット「喫茶室ルノアール」

　これまで、いろいろな場所でブログを書いてきましたが、もっともお世話になっているのは、首都圏で展開している「喫茶室ルノアール」チェーンです。Yahoo!無線LANスポットなどの公衆無線LANが利用でき、電源もあり、1ドリンクでふかふかのおしぼりとお茶が出て、イスの座り心地もよくて……と、文句なしのサービスを提供してくれます。また、基本的には長居してブログを書いていても迷惑がられることはありません。外出先でブログを書きたくなったときには、最寄りのルノアールに入ることをおすすめします。

Wi2 300
ワイヤ・アンド・ワイヤレスが提供する公衆無線LANサービス

http://300.wi2.co.jp/

Mzone
NTTドコモが提供する公衆無線LANサービス。通常は月額1575円。FOMAまたはXi契約者は、「moperaU」のブランド名で月額840円で利用できる

http://www.nttdocomo.co.jp/service/data/mzone/

Yahoo!無線LANスポット
ヤフーが提供する公衆無線LANサービス。通常は月額525円。Yahoo!プレミアム会員は月額210円で利用できる

http://wireless.yahoo.co.jp/

FREESPOT
FREESPOT協議会が提供している無料の公衆無線LANサービス

http://freespot.com/

こんな結果が出る！

1. モバイルパソコンとモバイル回線があれば、身軽にノマドブロギングを楽しめるようになる
2. 通信料金の回収をめざすことで、「収入を得る」ことの具体的な目標設定ができる

26 「Dropbox」「Evernote」はブロガー必須のサービスだと心得る

DropboxとEvernoteは、ファイルやデータの管理に欠かせないクラウドサービスです。ブログのためにも、さまざまな場面で役立ちます。

Dropbox
Dropboxが提供するクラウドのストレージサービス(無料)。Windows、Mac、iPhone、Android各対応のアプリが提供されている
http://www.dropbox.com/

Evernote
Evernoteが提供するクラウドのノートサービス(無料)。Windows、Mac、iPhone、Android各対応のアプリが提供されている
http://www.evernote.com/

クラウドを使ってブログを書く効率を上げよう

　Dropboxはクラウドのストレージサービス、Evernoteはクラウドのメモサービスです。どちらも複数のパソコンやスマートフォンでファイルやデータを同期できることが特長で、すでに多くの人が利用しているでしょう。

　ブロガーにとっては、Dropboxは主に写真の保管庫として重宝します。スマートフォンで撮影した写真をDropboxにアップロードしパソコンのブログエディターで貼り込むなどの連携技で活用しましょう。

　テクニック14で紹介したWindows用ブログエディターのZoundry Ravenは、Dropbox内のフォルダにインストールすることで、複数のパソコンで同じ環境を利用できるようになります。Mac用ブログエディターのMarsEditはDropbox内にインストールでき

Evernoteは強力なネタ帳に。気になる記事や思いつきをためておけば、読み返したときにさまざまなヒントが得られるはずです

ませんが、「シンボリックリンク」という高度な機能を利用することで環境ファイルなどをDropbox内に置き、複数のMacで環境を同期させることも可能です（ただし公式にサポートされた使い方ではないので、複数のMacで同時に立ち上げていると不具合が起こる可能性があります）。

　Evernoteはネタ帳として活用できます。テキストから手書きのメモ、Webページなど何でも取り込んでおきましょう。

パソコントラブル時の被害を最小限にできる

　DropboxやEvernoteでクラウドにファイルやデータを保存していると、パソコンのトラブル時の被害を最小限に抑えることができます。メインのパソコンが壊れて復旧に1日かかってしまった、というようなことがあると、その日はブログが書けなくなってしまいます。しかし重要なファイルをクラウドに置いていれば復旧は容易で、大切なファイルを失うこともなくなります。そして、すぐに再びブログを書き始めることができます。　するぶ

Column

スマートフォンから連携アプリで活用しよう

　DropboxとEvernoteは、スマートフォンからのデータをすばやく取り込む取材ツールとしても役立ちます。ぼくの場合、iPhoneで撮影した写真は、Dropboxと連携する写真共有アプリの「PictShare（250円）」を利用して、次々とDropboxにアップロードしています。Dropboxのアプリ（無料）もありますが、こちらのほうが簡単に操作でき、手間がかかりません。また、ネタを思いついたときには、iPhoneからEvernoteと連携する高速メモアプリ「FastEver（170円）」を利用して、いつでもメモしています。FastEverは起動が速いため、とつぜん「降って」きたネタが消えてしまう前に、メモを取ることができます。

こんな結果が出る！

1　デバイス間のファイルやデータのやりとりがスムーズになり、作業の手間を大幅に減らすことができる

2　ファイルやデータの安全性が増し、トラブル時にも被害を最小限にできる

27 スマートフォンからブログを更新できるようにする

iPhoneやAndroid用の、ブログツールのアプリが提供されています。これらを利用してスマートフォンからブログを書いてみましょう。

ブログツールに合わせて環境を整備する

2000年代前半のころ、外出先から携帯電話のメールで写真と文章を送信してブログを更新することを「モブログ(モバイル＋ブログの造語)」と呼んでいました。今のようにリアルタイムの情報共有ができるソーシャルメディアがなく、旅行中のブロガーが旅先の様子を写真と短い文章で伝えるモブログを、楽しみに待ち構えて見ていたものです。

時代は変わり、今ではソーシャルメディアを利用して写真つきでリアルタイムの情報共有をすることが当たり前になって、「モブログ」という言葉を聞く機会は少なくなりました。

一方でブログツールも進化していて、スマートフォンでパソコンと同等の高度な記事編集ができる環境が提供されています。そのような意味では「モブログ」という特別な名前で呼び分ける必要性が少なくなったとも言えます。

スマートフォンからブログを書くときは、スマートフォンの通信回線で投稿ができるため、別途回線を確保する必要がないのは魅力です。うまく活用しましょう。

WordPressでは、iPhoneとAndroid用にアプリを提供しています。ライブドアブログなど国内のブログサービスの多くも、同様にアプリを提供しているので、確認してみましょう。

Movable Typeは公式のアプリを提供していませんが、「スマートフォンオプション for Movable Type」を利用することで、Webの管理画面をスマートフォン対応にできます。Movable Typeの個人無償ライセンスで利用しているユーザーは、個人無償ライセンスのダウンロードページでダウンロード可能です。

なお、iPhoneまたはiPadと、Movable Type、WordPress、ライブドアブログなどをお使いの方には、するぷさんが開発したiPhone／iPad向けブログエディター「するぷろ」をおすすめします。する

WordPress

WordPressの管理用アプリ(無料)。iPhone用はApp Storeから、Android用はAndroid Marketから、それぞれダウンロードできる

スマートフォンオプション for Movable Type

Six Apartが提供しているMovable Type用プラグイン。管理画面とブログのテンプレートをスマートフォンに対応させる

http://www.sixapart.jp/movabletype/smart_phone/

Movable Type 個人無償ライセンス

Movable Typeを個人用途に限定して無償で利用できるライセンス

http://www.sixapart.jp/movabletype/personal.html

ぷろについて詳しくは、テクニック29を参照してください。

スマートフォンから何を書く?

スマートフォンからブログを書けるようになって、何を書いたらいいでしょうか? 外出先で今どこにいる、何を食べている、といったリアルタイムのできごとを簡単に共有するならば、ソーシャルメディアに投稿したほうが、みんなにすぐに見てもらえて、コミュニケーションの機会も増えるのでいいでしょう。あとでまとめてブログに投稿し直すこともできます。

スマートフォンでブログに投稿するネタとしては、Twitterの140文字では収まらない長めの文章や、写真を複数含むようなもの、例えば旅行中に少しずつ書きためた記録や、出先で食べたお店のレポート、毎日決まった時間に読書をする人ならばそのメモ、といったものがおもしろいでしょう。 コグレ

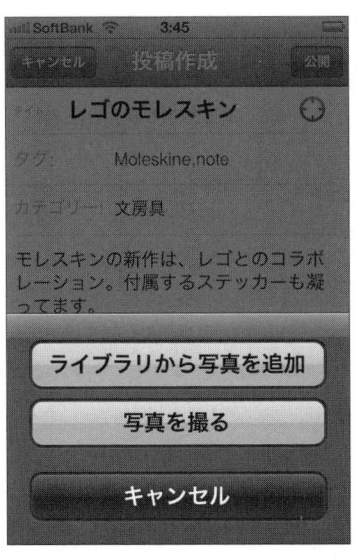

WordPressのiPhoneアプリ。簡単な操作での写真の挿入、地図(位置情報)の埋め込みなどが簡単に行えます

こんな結果が出る!

1 パソコンがなくても、スマートフォンからいつでもブログが書けるようになる

2 旅行中に細かな記録を書く、毎日の隙間時間でしていることについてまとめるなど、新しい引き出しが増やせる

28 スマートフォンでブログを書くために強力なテキストエディターを導入する

スマートフォンでも、テキストエディターで文章の書きやすさが向上します。「弘法筆を選ばず」ではなく、優れたツールを追求しましょう。

Textforce
yyutaka氏が提供するiPhone用テキストエディター（350円）

Jota Text Editor
Aquamarine Networks.が提供するAndroid用テキストエディター（無料）。Android Marketでダウンロードできる

▍スマートフォンでもガシガシ文章を書ける!

パソコンでお気に入りのテキストエディターを持っている人は多いですが、スマートフォンのテキストエディターを追求している人は、意外と少ないものです。スマートフォンは長い文章を書くのには向かないと、はじめから思い込んでいないでしょうか?

スマートフォンにも優れたテキストエディターがあります。高度な検索・置換など機能の充実したものを利用すれば、文章を書く効率をパソコンに迫るものに上げることが可能です。

もともとスマートフォンには「小さくて軽くて、いつでもすぐに取り出せる」というアドバンテージがありますから、いいテキストエディターは、文章を書くスピードに革命的な変化をもたらしてくれます。さらに、Bluetooth接続の外部キーボードを利用すれば、文字入力のスピードを大幅に向上させられます。

▍「Dropbox対応」がアプリ選びの最重要ポイント

スマートフォンのテキストエディターで、もっとも重要なのはDropboxへの対応です。Dropboxでパソコンとシームレスに連携して同じファイルを編集できることで、作業効率が大幅に向上します。

ぼくが愛用しているiPhoneのテキストエディターは「Textforce」です。Dropboxに対応し、正規表現も利用できる強力な検索・置換機能、文字数計算機能に加え、iPhoneのソフトウェアキーボードにはない独自のカーソル移動キーも備えています。

Androidでは「Jota Text Editor」がいいと思います。Dropbox対応、検索・置換機能の他、「マッシュルーム」と呼ばれるAndroidの文字入力補助アプリ群が利用できます。

実はこの本の原稿も、一部はTextforceとBluetoothキーボードで書いています。スマートフォンは画面全体に1つのアプリが表示されるので気が散りにくく、集中できます。 するぷ

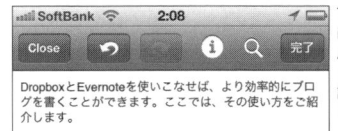

Chapter **02** ブログを書き続けるための
スタイルを身につける

Textforceは、数あるiPhoneのDropbox対応テキストエディターでも、高機能で評価の高いテキストエディターです

Jota Text EditorはAndroidの定番と言える高機能テキストエディター。多彩な文字コードへの対応や外部アプリとの連携も特長です

こんな結果が出る！

1. 高機能なテキストエディターを導入することで、スマートフォンで長い文章をストレスなく書けるようになる

2. 「スマートフォンしかないからあとで書こう」とネタを保留することなく、すぐに記事を書けるようになる

29 iPhone／iPad用のブログエディター「するぷろ」を利用する

「するぷろ」は、何を隠そうぼく（するぷ）が開発しました。パソコンに負けないブログ執筆環境をめざした「全部入り」のブログエディターです。

するぷろ for iPad
するぷ氏が提供するiPad用のブログエディター（600円）

するぷろ for iPhone
するぷ氏が提供するiPhone用のブログエディター（350円）

ブロガーによるブロガーのためのアプリ

するぷろは、ぼくが開発したブログエディターです。最初に公開したiPad版「するぷろ for iPad」と、次にiPhone向けに開発した「するぷろ for iPhone」の2つがあり、名前こそ同じものの、機能やコンセプトは大きく異なるアプリとなっています。

するぷろ for iPadは、iPadからパソコンと同じスピードで記事を書ける、パワフルなアプリがほしくて開発しました。最大の特徴は、iPadの画面を半分にして、左側にWebページを表示しながら、右側でエディターを操作できることです。これによって「常に1つのアプリが全画面に表示されてしまう」という、iOSの難点をカバーし、Webページを紹介する記事や、Webで調べ物をしながらの記事を書きやすくなっています。

また、どうしてもiPadはパソコンよりもキー入力の効率が劣るので、それがストレスにならないように、入力のサポート機能を充実させています。さらにアフィリエイトのためのタグの挿入機能記事の自動バックアップ機能も搭載しています。

紹介するWebページにリンクを張り、重要な部分を引用し、アフィリエイトで関連した商品を紹介する、といった記事を、パソコンと遜色ないスピードで作ることができます。

写真入りの速報記事に最適のiPhone版

一方で、するぷろ for iPhoneは、スマートフォンだからできるブログの書き方を提案したくて開発したアプリです。おいしいものを食べたときや、きれいな景色を見たときなどの感動を、すぐにブログに書いて残せるようにすることを目標に、できるだけ簡単な操作で記事を書けるようにしています。

ぼくがよく利用するのは、食事に出かけたときです。料理が出てきたら次々と写真を撮っていき、食べ終わったときに「おいしかっ

た。ブログに書きたい!」と思ったら、すぐにするぷろfor iPhoneを起動し、紹介したい写真をすべて貼りつけて、記事を書いていきます。複数の写真をまとめて記事に挿入でき、リサイズも自動、アップロードも自動で行えるので、写真にコメントを書き加えていく形での記事作成が、とても簡単にできます。 するぷ

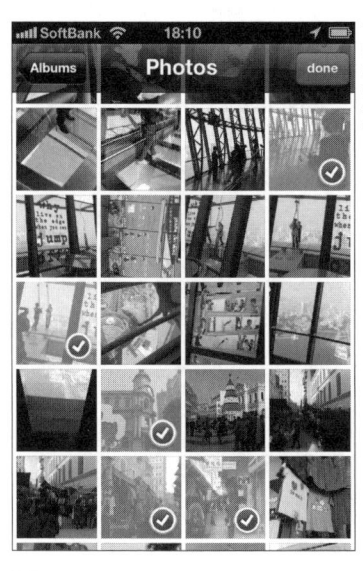

するぷろ for iPhoneでは、何枚もの写真を入れた記事を簡単に書くことができ、食べたものや見たことの紹介記事に最適です

Column

∭ するぷろシリーズの開発で得たもの

するぷろを開発するまでプログラミングの経験はありませんでしたが、いつか勉強したいとは思っていたので、いい機会だと開発を決意しました。結果としてプログラミングの勉強になっただけでなく、公開してすぐに意見をくださった小飼弾さん(http://blog.livedoor.jp/dankogai/)をはじめ、多くの方と知り合うきっかけになりました。新しい経験をして、それを共有するとよろこんでもらえるということを、大きな規模で体験できたと思っています。

こんな結果が出る!

1 | iPhone、iPadで快適にブログが書けるようになる

2 | 新しいブログの書き方を身につけられる。ニュース紹介、食事の記事などが書きやすくなり、ネタの幅が広がる

Column

‖ するぷろ for iPadの機能

　ここでは、するぷろ for iPad／iPhoneの機能について、もう少し詳しく解説します。まず、するぷろ for iPadは、Movable Type、WordPressの他、ライブドアブログ、はてなダイアリー、ココログ、FC2ブログ、gooブログ、Seesaaブログ、Nucleusの各ブログツールに対応しています。基本的には「ウェブ（ブラウザー）」と「エディタ（文章やHTMLのエディター）」の2つのパートで構成されていて、Webページを表示しながら記事を書くことができる（同時表示）他、一方だけの表示にすることも可能です。

　ブラウザーはタブの切り替えによって、複数のWebページを同時に開いておくことができます。そして、スクリーンショット（画面キャプチャー）を撮ったり、Webページ上の画像をiPadに保存したりできます。また、エディターに表示中のWebページへのリンクを挿入する（リンクのタグを自動的に生成して挿入する）、Webページの一部の文字を選択して引用したタグを挿入するといったことも、簡単に行えます。

　エディターの入力補助機能としては、よく利用するHTMLのタグ入力補助（リンクや引用もこの機能で行います）や、あらかじめ登録したタグを呼び出して入力できる「カスタムタグ機能」があります。また、Amazonアソシエイト（テクニック80参照）とリンクシェア（テクニック88参照）のアフィリエイトに対応したアフィリエイトタグの作成機能があり、アフィリエイトリンクを作成できます。カメラロールから画像を挿入するときには、リサイズと回転ができます。

　記事の投稿作業自体は、ブログツールの管理画面にアクセスして行います。するぷろのエディターから記事データをコピー＆ペーストして投稿するという形になります。

ブラウザーとエディターとを並べて記事を編集[カスタムタグ]をクリックして、入力補助機能やアフィリエイトタグの作成を行います

するぷろ for iPhoneの機能

するぷろ for iPhoneは、Movable TypeとWordPressに対応しています。for iPadとは違い、基本的にはエディターのみで「できるだけ少ない操作で写真つきの短い記事を書く」ことを重視した作りになっています。

エディターの編集画面では、最初の行(画面上では複数行で表示されていても、改行を入力するまで)に書いた部分が、記事のタイトルになります。2行目以降が記事本文となり、画面を左にスワイプすると、続き(インデックスには表示されず、記事ページにだけ表示される部分)を編集できます。編集画面右下の[BODY][MORE]で、編集中の部分の確認と切り替えができます。

写真は[Photo]をタップして挿入します。カメラロールからの挿入と、その場での撮影の両方ができます。カメラロールから挿入する場合は、複数の写真をまとめて選択可能です。なお、挿入した写真は、自動的にリサイズされます(縦位置、横位置でそれぞれ何ピクセルの幅にするかを、ブログごとに設定できます)。

写真を挿入するとエディターにHTMLのタグが表示されるので、そのタグの間に文章を入力していく、という形で記事を作成するのが、基本的なパターンになります。どのタグがどの写真か、文章が正しい位置に入っているかを確認するには、[Preview]をタップします。

シンプルさを追求している一方で、気になる細かな部分については、きちんとコントロールが可能です。ブログごとの設定で、記事ごとのカスタムURL(記事ページのファイル名。記事の内容に合ったもののほうが高いSEO効果があるとされます)とタグ(カンマで区切って複数入力可能)を入力するか設定できます。また、[設定] - [するぷろ]からの全体の設定では、TextExpander(テクニック15参照)との連携や、編集したときの写真の画質などを好みに応じて設定できます。 するぷ

このエディターの画面だけで、ひととおりの操作ができるのが特長。❶投稿や編集中の記事の消去、❷プレビュー([Preview])、写真の挿入([Photo])、ブログごとの設定([Setting])、❸新規記事の作成([NEW])、記事と続きの切り替え([BODY] / [MORE])がそれぞれ行えます

30 ブログの表示をスマートフォン対応にする

スマートフォンが普及しブログへのアクセスも増えています。プラグインやテンプレートを利用してスマートフォンから見やすいブログにしましょう。

‖スマートフォンでの読みやすさに配慮する

スマートフォンの普及で、パソコンよりもスマートフォンからWebにアクセスする機会が増えてきています。実際にぼくもiPhoneからWebを見ることが増えていますし、和洋風◎の2012年1月のアクセス解析を見ると、約30％がスマートフォン（iPhoneとAndroidデバイス）からのものになっています。おそらく、この勢いは今後もとどまることはないでしょう。

スマートフォンのブラウザーは、パソコン用に作られたWebページも大きな問題なく利用できます。しかし、文字が小さかったりして、快適に閲覧できるとは言いがたい状態です。スマートフォンに最適化した表示ができるよう、テンプレートの整備などを行いましょう。

iPhoneテンプレート for MT

crema designが提供している、Movable TypeのiPhone対応テンプレート（無料）

http://cremadesign.jp/blog/iphone/iphone_template_for_mt.html

WPtouch

WordPress用に提供されているスマートフォン対応プラグイン（無料）

http://wordpress.org/extend/plugins/wptouch/

スマートフォンに対応した表示（スマートフォンオプション for Movable Type利用）。文字が大きく、画面幅に合わせた表示で読みやすくなります

スマートフォン対応プラグインを導入する

　Movable Typeの場合は、テクニック27で紹介したプラグイン「スマートフォンオプション for Movable Type」を利用することで、ブログの表示もスマートフォン対応にできます（パソコン用とスマートフォン用の両方を、同じURLで公開できます）。

　旧バージョンのMovable Typeを利用していて、すぐにはスマートフォンオプションに対応したバージョンにアップデートできない場合は、crema designで配布している「iPhoneテンプレート for MT」を利用すると、簡単にiPhoneに対応できます。ただし、パソコン用とスマートフォン用のURLは別になるので、注意が必要です。

　WordPressの場合は「WPtouch」というプラグインをインストールすることで、簡単に表示をスマートフォンに対応できます（こちらも、パソコン用とスマートフォン用の両方を同じURLで公開できます）。

　主要なサービス型のブログツールでは、すでにスマートフォン向けの表示をする対応が行われていて、自分で対応する必要はありません。[するぷ]

Column

URLが違うとどこが問題？

　1つの記事でパソコン用とスマートフォン用のページを同じURLで表示する場合、何らかのプログラムによって読者の環境を判別し、最適な表示になるように調整しています。しかし、パソコン用とスマートフォン用のページが別々のURLになっている場合、パソコンの読者がスマートフォン用のページに、スマートフォンの読者がパソコン用のページにアクセスしてしまうことがあります。対策のためにはサーバーの知識が必要になり、ちょっと難しい問題になります。簡単な対策としては、パソコン用の各ページにスマートフォン用トップへ、スマートフォン用の各ページにパソコン用トップへのリンクを設置する、という方法があります。

こんな結果が出る！

1 | スマートフォンからアクセスした読者にとって読みやすくなる

2 | スマートフォンをメインで使うユーザーが読者として定着してくれる可能性が高まる

31 もう1本記事を読んでもらうためのブログパーツを使う

読者に記事を「もう1本」多く読んでもらえたらうれしいものです。「こちらの記事もいかがですか？」を実現するサービスを紹介します。

LinkWithin

LinkWithin.comでニューヨークの開発チームが提供するブログパーツ（無料）。将来的にはブログパーツに広告を導入し、ブロガーが収入を得られるようになる計画もあるとしている

http://www.linkwithin.com/

SimpleReach

SimpleReachが提供するブログパーツ。無料で利用できる

http://simplereach.com/

‖「もう1本」でお互いにいいことがある

ブログは記事単位で紹介されることが多いので、読者は1ページだけを読んですぐに離脱してしまう（他のサイトに行ってしまう）ことが多くなります。しかし、せっかくアクセスしてくれたのですから、「あと1ページ」を読んでもらえるとうれしいところです。

それによってページビューを増やしたいということもありますが、1本の記事を読んでくれた読者に、関連した情報がある記事を提案できれば、より役立ててもらえるかもしれません。特に、何かの情報を探して検索エンジンからアクセスした読者に大して関連性の高い情報を提案できたら、便利だと感じてもらえるのではないでしょうか。

そこで紹介したいのが「LinkWithin」と「SimpleReach」という2つのブログパーツです。

LinkWithinを挿入した記事ページ（❶の部分）。3〜5本（本数は自分で設定可能）の関連記事がサムネイルつきで表示されます

ブログパーツで関連記事を表示する

　LinkWithinは、記事の下部などに挿入することで、現在の記事と関連する記事を自動的にピックアップし、サムネイルつきで表示します。使いやすくて見栄えもいいブログパーツですが、1点注意したいのは、サムネイルがメインになるので、画像のない記事の多いブログでは、さびしくなってしまう点です。

　SimpleReachは、読者がページを読み進んでページの下までいくと、右下からニョキッと現れて関連する記事を1本紹介するブログパーツです。邪魔に思われることもありますが、読者の側で表示しないように設定してもらうことも可能です。

　ネタフルにSimpleReachを導入してみたところ、4%強のクリック率となりました。1日1000人がアクセスするブログならば、40ページビューほど増える計算になります。なお、2012年2月現在はプライベートβです。利用するためには、申し込み（Apply）をして招待されるのを待つ必要があります。 コグレ

SimpleReachが表示された記事ページ（❶の部分）。読んでいる途中に画面端から現れる、インパクトの強いブログパーツです

こんな結果が出る！

1 ｜「もう1本」を読んでもらうことで、ページビューが増やせる

2 ｜何本も記事を読んでもらうことで、ブログを役立ててもらい、気に入ってもらえる可能性が高まる

32 「Google Analytics」でアクセス解析のレポートを毎日見る

アクセス解析のデータを見て、ブログがどのように読まれているかを確認しましょう。そこから、ブログをよくするためのヒントが得られます。

Google Analytics
Googleが提供するアクセス解析サービス
http://www.google.com/analytics/

▌記事を書いた結果を知り、改善に役立てる

ただの趣味ではなく、仲間や収入といった目標があってブログを書くのならば、常に効果測定をして改善を加え、目標に近づいていくことが大切です。Google Analyticsでアクセス解析のデータを見て、効果測定をしましょう。

アクセス解析のデータを見ていて、最初は数字に一喜一憂することも多いと思います。しかし、重要なのは「何をしたら、どのようにデータが動いたのか」を把握することです。そのためには毎日データを見て通常のデータを知っておき、変動をすぐにみつけられるようになりましょう。変動があったら、その原因(最近書いた記事やデザインの変更など)を考えます。87ページのコラムでチェックするべきポイントを紹介しているので、こうしたデータを毎日見るようにしましょう。 [するぷ]

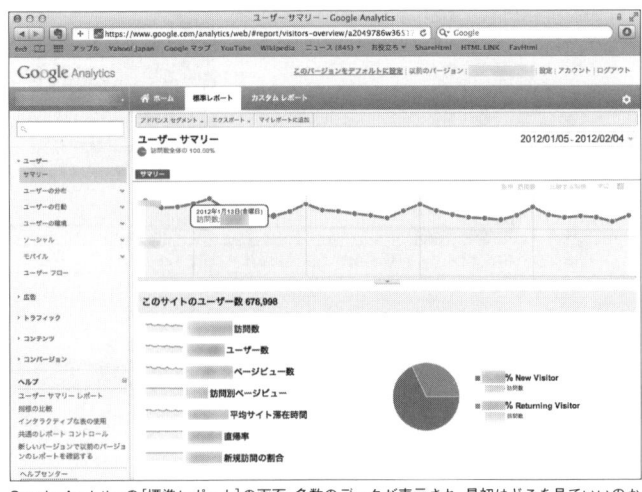

Google Analyticsの[標準レポート]の画面。多数のデータが表示され、最初はどこを見ていいのか困ってしまうかもしれません

Column

‖ Google Analyticsでチェックするべきポイント

　情報量の多いGoogle Analyticsですが、何をチェックすればいいのか、困ってしまうことがあるかもしれません。まずは、以下の5つのポイントに気をつけて見るようにしましょう。Google Analytics以外のアクセス解析サービスでも、同様の情報は見られるはずです。
※カッコ内は、Google Analyticsの［標準レポート］タブ内でそのデータを見るためにクリックするメニューの項目です

ページビュー数（［ユーザー］-［サマリー］）
Webページが何回見られたかの回数。「どれだけ読まれたか」のわかりやすい指標です。合わせて、訪問別ページビュー（1回アクセスアクセスした人が平均何ページ読んだか）、平均サイト滞在時間（どれだけの時間をかけて読まれたか）も見ておきましょう。

キーワード（［トラフィック］-［サマリー］）
検索エンジンからアクセスした読者が、どのようなキーワードで検索したのかがわかります。訪問数の多いキーワードを見極めれば、自分のブログがどのようなネタに強いのかが把握できます。

ページ（［コンテンツ］-［サイトコンテンツ］-［ページ］）
人気のページ（記事）がわかります。よく読まれている記事のネタをふくらませれば、ページビューを増やしやすいと考えられます。

参照元（［トラフィック］-［参照元］-［参照元］）
リンクを張ってくれたページのURLと、そこからアクセスのあった数がわかります。知らないサイトからのリンクを発見するとうれしいものです。モチベーション維持のためにも毎日チェックしましょう。

時間別ページビュー（特定の日を選択し、［単位］の右をクリックして［時間］をクリック）
1時間ごとのページビューがわかり、どのような人が読んでいるかを想像しやすくなります。例えば7時〜9時ごろは通勤中のビジネスマンが多いはずです。15時〜17時ごろには、学校帰りの子どものアクセスが増えるかもしれません。データを見ながら、どのような人がどのように読んでいるのか、想像してみましょう。

こんな結果が出る！

1. ページビューなどのデータから、ブログがどのように読まれているかを知ることができる
2. データをよく見て想像することで、どのような人が読んでいるか、読者の具体的なイメージを持つことができる

33 Google Analyticsの「リアルタイム」で記事公開後の反響をチェックする

記事がどのように読まれているかは、誰もが非常に気になるところです。Google Analyticsで、今この瞬間のアクセス状況を見てみましょう。

「今、どれだけのアクセスがあるか」がわかる

TwitterやFacebookといった、リアルタイムで情報共有ができるソーシャルメディアの普及により、アクセス解析にも、ソーシャルメディアの影響を知るためにリアルタイムのアクセス状況を知りたいというニーズが強くなりました。

記事を公開した直後にソーシャルメディアで紹介され、急にアクセスが集まるようなこともあります。もちろん自分で紹介したことでアクセスが増えることもあります。そのような動きを、Google Analyticsのリアルタイム（2012年2月現在はベータ版として提供）で見てみましょう。

リアルタイムのデータでわかることは、現在のアクセス数と、参照元（参照元のURLと検索エンジンのキーワード）、閲覧中のページ、どこの地域からのアクセスか、です。

新しい記事を公開したときに、動きを確認する

リアルタイムはただ眺めているだけでもけっこう楽しいのですが、ぜひ、新しい記事を公開したときに表示して、アクセス状況の変動を見てみてください。新しい記事を公開したら徐々に訪問者が増えていく様子や、他のサイトで紹介されて訪問者が増えている様子などを確認できるはずです。TwitterやFacebookからのアクセスは参照元が正確にわかるとは限らないのですが（スマートフォンのアプリなどからのアクセスの場合、参照元はわかりません）、誰のアカウントで紹介されて、急にアクセスが増えだしたか、といったことまでわかる場合もあります。

こうしたデータから、どのように紹介するのが効果的か、誰が強い影響力を持つのか、といった傾向が、だんだんわかるようになってきます。特に、記事がヒットしてアクセス数が急増していく様子を見るのは、非常におもしろいものです。ずっと見ていてはブログを

書く時間がなくなってしまうかもしれませんが、記事を公開するたびに動きを確認して、傾向をつかんでみましょう。 [コグレ]

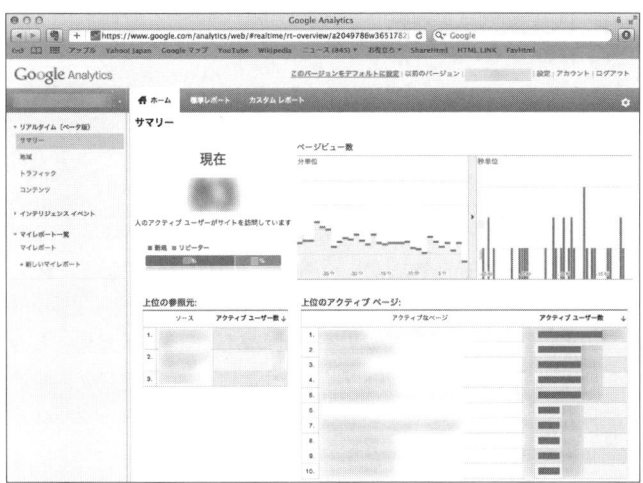

「リアルタイム」では、今現在アクセスしているユーザー数と、参照元、閲覧中のページなどのデータがわかります

Column

⦀ MacのデスクトップにAnalyticsのデータを表示する

Mac用アプリの「Visits（450円。Mac App Storeで購入できる）」を利用すると、MacのメニューバーからGoogle Analyticsのデータを簡単に見られるようになります。リアルタイムのデータを見ることはできませんが、ページビュー数、キーワード、ページ、参照元、時間別ページビューと、87ページで解説している重要なポイントは、すべて見ることができます。アクセス解析のレポートを毎日確認することは大事ですが、実際には忘れてしまうこともあるものです。Visitsのような、簡単にデータを表示できるツールがあると、アクセス解析を確認する習慣を身につけやすくなります。Macユーザーならば、ぜひおすすめしたいアプリです。

こんな結果が出る！

1 | リアルタイムのアクセス状況から、読者がどのようにして記事を知り、読んでいるのかを知ることができる

2 | リアルタイムの読者の動きを分析することで、効果的な紹介の方法や影響力のある人をみつけられる

34 Googleはブログをどう見ているか「ウェブマスターツール」で確認する

ウェブマスターツールで、Googleがあなたのブログをどのように見ているかがわかります。ブログに問題点はないか、点検しましょう。

ウェブマスターツール
Googleのウェブマスター向けサービス（無料）。検索エンジンにサイトのデータがどのように取り扱われているか、問題点はないかを確認できる
http://www.google.com/webmasters/

クローラー
検索エンジンが情報を収集するためにウェブを巡回させているプログラム。「ロボット」「スパイダー」などと呼ばれることもある

検索クエリ
「クエリ」は「問い合わせ」の意味。単体のキーワード、複数のキーワードを含む、検索時に入力された文字列のこと

‖ 検索エンジンから見たブログの問題を確認する

ブログにとって、GoogleのWeb検索は重要な導線となります。しかし、ちょっとした問題で、Googleからのアクセスが減ってしまった……というトラブルを耳にすることもあります。最近検索からきてくれる読者が少ない気がする、というときや、今のブログに問題がないか確認したいときには、Googleのウェブマスターツールを確認してみましょう。

ウェブマスターツールを利用するには、最初にサイト（自分のブログ）を追加する作業を行います。見ることができるデータは非常に多いのですが、まず[診断]-[クロールエラー]を見てみましょう。ここでは、Googleのクローラーが検出した問題のあるURLが表示されます。

ブログはツールがWebページを自動生成するため、単純な人為的ミスによる問題が起きることは、あまりありません。しかしツールの設定を変更したときや、サーバーの引越しをしたときなどに、存在するはずのURLにファイルがないなどのエラーが大量に発生してしまう可能性があります。問題のデータと、ウェブマスターツールのヘルプにある情報を参考にして、修正しましょう。

[HTMLの候補]を見ると、ブログの中にタイトルやメタデータ（HTMLのMETAタグで書かれた記事の概要など）の重複したURLを確認できます。この情報はとても重要で、タイトルやメタデータの重複は、検索エンジンにとっては同じ情報が複数箇所にあると認識され、お互い足を引っ張って検索結果の上位に表示されなくなることがあるのです。どちらかのタイトルやメタデータを変える、不要なページは削除するなどして、修正しましょう。

こうした問題を、完全になくすことにこだわりすぎる必要はありません。しかし、できる範囲で修正しておいたほうが、ページビューの増加のためにも、わかりやすさのためにもいいでしょう。

[検索クエリ]で検索のされ方を詳しく見る

[ウェブ上のサイト] - [検索クエリ]では、実におもしろい情報が見られます。ブログがよく検索されるキーワードの、検索結果への表示回数、その中でのクリック数、平均掲載順位、CTR（クリック率）などが一覧表示され、並べ替えも可能です。

念入りにチェックして、現在どのようなキーワードに強いのか、CTRが高い記事はどれか、などを研究しましょう。 するぶ

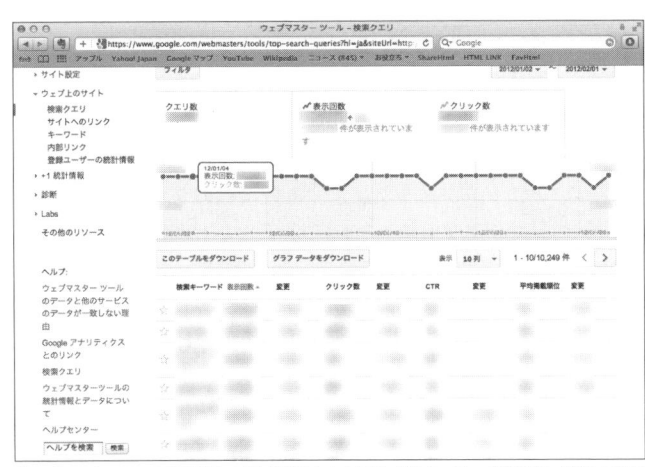

ウェブマスターツールで[検索クエリ]を表示したところ。検索キーワードに関連した詳しい情報が確認できます

Column

Google Analyticsとの連携を設定しておこう

Google Analyticsの標準レポートで[トラフィック] - [検索エンジン最適化] - [検索クエリ]をクリックすると、ウェブマスターツールについての説明が表示されます。[ここでウェブマスターツールのデータ共有機能の設定]をクリックして設定を行うと、検索クエリについての詳細なデータをGoogle Analyticsで見られるようになります。

こんな結果が出る！

1. クローラーが検出した問題を確認でき、問題を修正するための情報も得られる
2. ブログがどのように検索されているのかが詳しくわかり、運営のヒントになる

35 「ChartBeat」で リアルタイムの アクセス状況を詳しく見る

ChartBeatは、非常に高機能なリアルタイムアクセス解析サービスです。ブログの読まれ方を、わかりやすい図と数字で見ることができます。

ChartBeat

ChartBeatが提供するリアルタイムアクセス解析サービス。利用料金は月額9.95ドルから。30日の無料試用が可能だが、試用時にもクレジットカードの登録が必要となる

http://chartbeat.com/

楽しい画面のリアルタイムアクセス解析

　ChartBeatは月額9.95ドルからの有料のサービスですが（30日間は無料での試用が可能です）、じゅうぶんに元が取れると思います。

　リアルタイムに動くビジュアルは、ただ眺めているだけでも楽しく、新しいアクセスがあったときは各種情報のグラフが同時に動いて、「今、誰かがアクセスした」ということがわかります。Google Analyticsのリアルタイム（テクニック33参照）よりも、圧倒的にリアルに「アクセスされるよろこび」が感じられ、モチベーションが上がります。もちろん感覚的なおもしろさだけのサービスではなく、得られるデータも非常に詳細です。

　ダッシュボードで見ることができる情報は、どのページに何人アクセスしているか（URLではなくタイトルで表示されるため、わかりやすいです）、読者はリピーターか新規の読者か、現在の状態（読ん

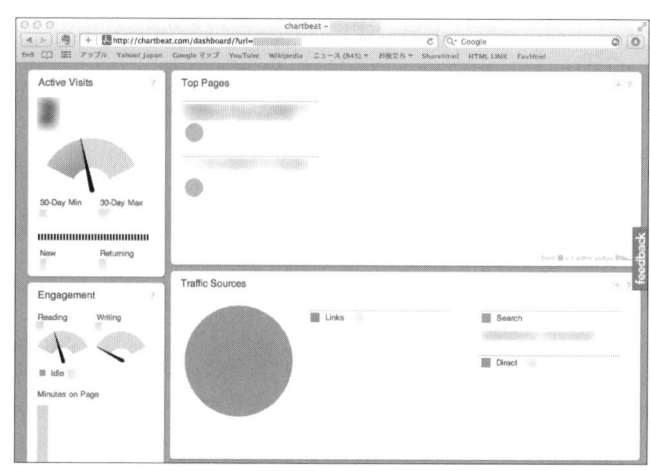

ダッシュボードで、どの記事を何人が見ているかなど、リアルタイムのアクセス状況を確認できます

でいる、書いている、何もしていない)、参照元（ページや検索のキーワード）、所在地はどこか、ページの表示時間は何秒か、などが豊富な図で表示されます。特定のページを選択すれば、そのページのどのあたり（ページの上部か、下部か）が見られているかを知ることもできます。また、Twitterで記事が紹介されたツイートを確認することもできます。

これをしばらく見ていると、今、読者がどこから、どのような目的で自分のブログにきて、記事をどのように見ているかを、確かな実感を持って想像できるようになってきます。

急な変動を知らせる通知機能も活用しよう

ChartBeatのもう1つの特長に、「通知（Alerts）」機能があります。突然アクセスが増えたときなど、あらかじめ条件を設定しておくことで、メールなどで知らせてくれるのです。アクセスが急増したことに気づければ、関連記事を紹介したり、新しく書いたりといった対応をすぐに考えることもできます。 [コグレ]

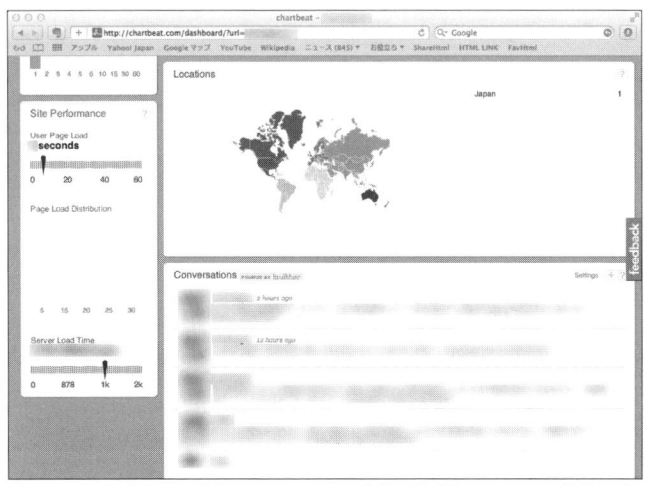

ダッシュボードの下部では、読者がアクセスしている地域、表示時間、Twitterでの言及などが表示されます

こんな結果が出る！

1 | 自分のブログがどのように読まれているか、ソーシャルメディアや検索エンジンとの関係をわかりやすく見ることができる

2 | 急なアクセスの変動を知ることができ、突発的なチャンスやトラブルへの対策を取りやすくなる

36 スマートフォンでGoogle AnalyticsやChartBeatのデータを見る

スマートフォンからもアクセス解析のデータを見ましょう。隙間時間に確認できたり、急な動きへの対応がやりやすくなったりします。

Analytics App
Inblosamが提供するGoogle AnalyticsのデータをみるiPhone用アプリ(600円)

gAnalytics
e6bappsが提供するGoogle AnalyticsのデータをみるAndroid用アプリ(無料)。Android Marketでダウンロードできる

▌隙間時間にアプリでデータが見られる

　Google Analyticsのデータをスマートフォンのアプリで見ることができます。パソコンでゆっくりとアクセス解析のデータを見る時間を取りにくい人でも、スマートフォンで隙間時間に確認できるようになるのがいいところです。

　Google公式のGoogle AnalyticsアプリはなくiPhone、Androidともサードパーティによるアプリが多数提供されています。ぼくは、知りたい情報がひととおりカバーされる「Analytics App」という有料のiPhoneアプリを利用しています。Androidのアプリでは「gAnalytics」をおすすめします。

　スマートフォンでまず確認するのは、当日(データがあれば)と前日の、ページビュー数、キーワード、ページ、参照元です(テクニック32も参照してください)。

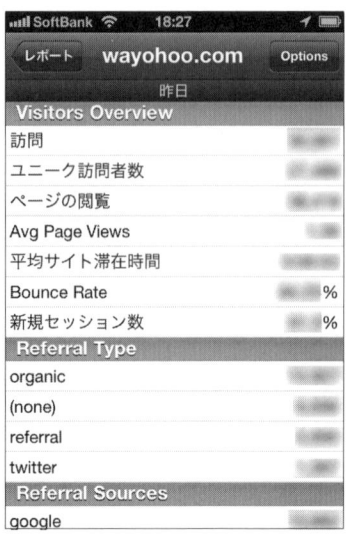

Analytics Appの画面。ブロガーにとって重要な情報が一覧表示されます

iPhoneではChartBeatも利用できる

　iPhoneのみになりますが、ChartBeatもアプリを提供しています。iPhoneの画面に合わせてデザインされたリアルタイムのアクセス状況を確認でき、パソコンで見る場合ほど情報量は多くありませんが、シンプルで見やすい画面になっています。

　また、テクニック35で紹介した「通知」を、アプリでiPhoneのプッシュ通知として受け取ることもできます。iPhoneとChartBeatのユーザーならば、ぜひ設定しておきましょう。

　リアルタイム通知は、アクセスが急増したチャンスのときに役立つこともちろんですが、ピンチの場面にもおおいに頼りになります。以前にアクセスが集中しすぎてサーバーがダウンしてしまったとき、ChartBeatのアプリからの通知のおかげで、トラブルをすぐに知って対策を取ることができました。それ以来、これは手放せないアプリとなっています。　するぷ

Chart Beat

ChartBeatが提供する、iPhone用リアルタイムアクセス解析アプリ（無料）

ChartBeatのiPhoneアプリは、リアルタイムのアクセス解析の他、通知を受け取ることにも利用できます。

こんな結果が出る！

1. アクセス解析のデータをいつでも見ることができ、ブログの改善のためのデータを集めやすくなる
2. アプリとChartBeatの通知でブログの状況を把握できることで、外出時のトラブルにすみやかに対応できるようになる

37 よく読まれている記事の関連記事を書く

今よく読まれている記事、継続してずっと読まれている記事を発見できることがあります。その記事の関連記事を書いて、リンクを張りましょう。

読者にもブロガーにもうれしい関連記事

ここからはアクセス解析のデータにもとづいて、より読まれるブログになるための工夫をしましょう。

アクセス解析のデータを見ていると、読まれている記事、リアルタイムにページビューが急上昇している記事をみつけることがあります。また、1カ月ぐらいの期間のデータを見ると、1日あたりではそれほど多くはなくても、コンスタントに読まれ続けた結果、かなりのページビューになっているページがみつかります。

そのようなページをみつけたら、そのページのネタに関連する記事が書けないか考えてみましょう。

例えばiPhoneのケースのレビュー記事が読まれていたら、そのページの読者が興味を持ってくれそうなiPhoneのアクセサリーや

和洋風◎では、52ページで紹介したShareHtmlを利用して❶関連記事へのリンクを作成しています

アプリに関するネタを探してみます。新しく関連記事を書いたら、読まれている記事からリンクを張ります（新しい記事のほうからも張るとなおいいでしょう）。テクニック31では自動で関連記事を表示するブログパーツを紹介しましたが、それとは別に手動で、興味を持ってもらえるように紹介文などをつけてリンクします。

このようにすることで、読者にとっては多くの情報を手に入れることができ、ブロガーにとっては多くの記事を読んでもらうことができて、まさにWin-Winの関係となります。

古い記事を編集してリンクを書き加えるのは、少々めんどうな作業ではありますが、こうして記事どうしの連携を強めることの効果は、時間が経つほどにじわじわと出てきます。

検索エンジンからの評価も高まる

関連記事を書き、リンクを張ることの効果は、検索エンジンに対してもあります。検索エンジンでは、類似性の高い記事どうしがリンクしていることで、その記事を専門性が高い記事だと判断します。その結果、検索結果の上位に表示されやすくなります。このような面でも、リンクを張ることは効いてくるのです（ブログパーツでの関連記事へのリンクはJavaScriptで生成されるため、検索エンジンには評価されません）。 [するぶ]

JavaScriptで生成されるリンク

「JavaScript」はブラウザー上で動作するプログラム言語。ほとんどのブログパーツの関連記事表示はJavaScriptで生成される。検索エンジンのクローラーは一般にJavaScriptの動作ができないため、ブログパーツの関連記事表示には反応しない

Column

既存の記事への関連リンクも張ろう

関連記事を書いたときには、ついでに既存の関連記事を探してリンクを張りましょう。Googleで「site:（ブログのURL）」でサイトを限定した検索ができることを利用して、「site:wayohoo.com　大阪」のようなキーワードで検索すると、自分のブログの関連記事が簡単にみつかります（ブログにサイト内検索機能がある場合は、そちらを利用してもOKです）。その検索結果から1、2本の記事を選んでリンクを張れば、有力な関連記事リストができあがります。

こんな結果が出る！

1 | よく読まれる記事の関連記事を増やすことで、読者に「興味のある記事が多い、情報が豊富なブログだ」と感じてもらえる

2 | 関連記事どうしをリンクしていくことで、検索エンジンからの評価が高くなり、ページビューの増加につながる

38 読まれなかった記事の原因を洗い出し、もういちど書いてみる

がんばって書いても読まれなかった記事は、次への反省材料にしましょう。そして、あらためて伝えたいことを書き直してみましょう。

読まれなかった原因を洗い出し、改善する

力の入りすぎた記事は、なぜかあまり読まれないものです。とはいえ、自分にとっては大事なことを書いた記事のページビューが増えず、反応もないというのは、悲しいものです。

悲しんでいても始まらないので、いい改善のきっかけを手に入れられたと、前向きに考えてみましょう。そして、読まれなかった原因を洗い出してみます。

記事を読み返し、アクセス解析のデータを見ながら、よく読まれている記事と比較してみましょう。すると、タイトルが長すぎたとか、テーマがぼやけているとか、公開するタイミングがよくなかったとか、いくつも原因と思われることがみつかるはずです。

そうしたら、次の記事ではそれを改善しましょう。例えばタイトルが長すぎたことが原因だとしたら、そもそもは要素を詰め込みすぎたことが問題かもしれません。要素を1つだけに絞って（テクニック10参照）タイトルもシンプルにする（テクニック9参照）……というように、考えられる改善案を試した新しい記事を書き、またアクセス解析で結果を見てみましょう。

ネタはそのままで、記事の切り口を変えてみる

読まれなかったけれど書きたかったネタは、語るときの切り口を変えて、新しい記事にしてみましょう。例えば「アップルの新製品が出る」というネタを記事にするとき、ただの紹介は手の早い人が先にやってしまうので、同じことをしていても読んでもらえません。そこで、その製品で自分のライフスタイルがどう変わるかを予想してみたり、旧製品との比較を書いてみたりと、ちょっと新しい切り口を加えることで差別化できます。

「一眼レフカメラがほしい」という記事も、「コスプレ写真を撮りたい」「○○さんのようにカメラを持ち歩きたい」「この新製品の

ニュースを読んでほしくなった」というように、さまざまな切り口から書いてみることで、ちょっと違う層が興味を持ってくれるはずです。ぼくが以前に一眼レフカメラがほしくなったときには、まずTwitterで質問をして、もらった反応を元にまとめてみました。反応を探るために、ソーシャルメディアに少しずつ書いてみるのも、ひとつの方法です。

本当に書きたいことをあきらめない

　ブログは楽しく書くことが大切で、書きたいこと、伝えたいことを書くのは当たり前です。それと同じく、読まれないよりは読まれたほうがいいのも、また当たり前だと思います。

　読まれなかった記事も、書きたいことは曲げずに、ちょっとした工夫だけで読まれるようになる場合があります。その工夫は1本の記事のページビューを増やすだけでなく、今後ブログを成長させるための、貴重なノウハウになるはずです。

　工夫のやり方が思いつかないときは、開き直って何度も書くことも手です。肝心なのはあきらめないことで、その結果、興味のある誰かの目に偶然止まることもあります。また、何度も読んでくれた人が「また○○のことを書いている人だ」と覚えてくれたら、だんだんネタに興味を持ってくれることもあります。　[するぶ]

Column

とりあえず、あらゆる場所で言い続ける

　自分の好きなことは、とにかく言い続けるのがいいと思います。ぼくは前々から「水樹奈々さんに関係した仕事がしたい！」と言い続けていましたが、ついに、昨年12月に行われたライブのレポートを書く仕事をいただくことができました。どこでどのような人が見てくれているかわからないもので、ふとした機会に夢がかなってしまうこともあるものですね。しつこく言い続けることで引っかかるチャンスができるなあと、あらためて感じた経験でした。

こんな結果が出る！

1. より読まれるための改善方法を考え抜き、結果を出すことで、ブログを成長させるノウハウが蓄積される
2. 本当に書きたいことを何度も書き続けることで、少しずつ認知され、興味を持ってもらえる可能性が高まる

39 コメントや質問の多かった記事の「続き」を書く

記事の反響が大きく、コメントや質問が多く寄せられることがあります。それらを集めて、新しい記事を書いてみましょう。

▌「続き」の記事でコミュニケーションをつなげる

　ブログの記事が反響を呼び、多くのコメントが寄せられる場合があります。ここでいうコメントとは、コメント欄に書き込まれるものだけではなく、ソーシャルメディアで書かれた感想や、他のブログからの言及などを含みます。ソーシャルメディアで自分のブログへの言及を探す方法については、テクニック44、45を参照してください。他のブログからの言及は、アクセス解析で参照元を見ることでも発見できます。

　記事に対するちょっとした質問などに対しては追加する形で答えることもありますが、情報量が多いときは、新しい記事を「続き」として書いてみましょう。コメントや質問が多い記事は、多くの人がそれに関心を持ち、話題にしてくれたわけですから、きっと続きの記事にも関心を持ってもらえるはずです。

　それによって、もちろんページビューも期待できますが、ブログの記事という形でコメントや質問に応えることは、一種のコミュニケーションが成立したということでもあります。仲間を得るという目標に向けても、いい効果があるはずです。

　続きの記事は、元の記事が例えば「浦和のおいしい居酒屋」だったら「続・浦和のおいしい居酒屋」のように、関連がわかりやすいタイトルにします。また、テクニック37でも解説したように、両方の記事からリンクを張って、一方を読んだ読者にもう一方も読んでもらえるようにしましょう。コメントをくれた人に「続きを書きました」とお知らせするのもいいでしょう。

▌自分になかった視点を大切にしよう

　寄せられたコメントや質問の中には、自分にはなかった視点からのものがあるはずです。中には、取るに足らないことだと思って書かないでいたら意外とみんなが重視していたことや、まったく予想

もしなかった解釈、または誤解からの質問もあるでしょう。それに対応して補足をすることは、とても有意義です。必要があれば元の記事にも追加の説明などを入れておきましょう。

すぐには答えられないような質問は、いいネタの元になります。自分が知らなかった情報は、他にも知らない人がたくさんいる可能性がおおいにあります。つまり、今のうちに調べてブログに書いておけば、今後誰かが検索する可能性があるわけです。

また、おもしろい情報や、役に立つ意見をコメントとしてもらえることもあります。「情報は、出せば出すほど集まってくる」と言われますが、それを実感するのはこのようなときです。ブログに書いて、ソーシャルメディアに耳を傾けていると、新しい貴重なネタが届いてしまうのです。

いただいた情報は、公開していいものならば、惜しみなく出していきましょう。そのときは情報提供者に敬意を払い、相手に紹介していいかを確認し、ブログやTwitterのアカウントを掲載させてもらうようにすることで、いい仲間との出会いのきっかけにもできます。メールなど不特定多数の目に触れない手段での情報は、必ず紹介していいかどうか確認しましょう。[コグレ]

Column

‖ ネガティブな反応を抑える効果もある

ブログのコメントには、批判や揶揄などネガティブなものもあるものですが、こちらが積極的にコミュニケーションを取り、コメントにもきちんと対応するブロガーだと知ってもらうことで、そのようなネガティブなコメントを、ある程度抑えることができます。

テレビに向かって文句を言うような感覚でネガティブなコメントをしてしまう人も、相手からの反応があるとわかれば、言い方に気をつけてくれるようになるのです。それでもネガティブなコメントがゼロになるわけではありませんが、ポジティブなコミュニケーションを増やせるのはいいことです。

こんな結果が出る！

1 | コメントや情報提供にもとづいて新しい記事を書くことで、情報が充実する

2 | コミュニケーションに積極的なブロガーだと認知されることで、さらにコメントが増えて情報が集まる

40 力を入れて書いたテーマの「まとめ」記事を書く

大きなテーマについてたくさんの記事を書いたときは、適当な区切りでまとめ記事を書いて振り返りましょう。さまざまないい効果があります。

▍テーマごとにまとめて、記事を読みやすくする

テクニック10で「記事の中で伝えたい要素は1点だけに絞る」と解説しましたが、これを守ると、ときには1つの大きなテーマについて、何本もの記事を書くことになります。ネタフルではガジェットについての記事や、旅行のレポート記事などが該当します。

要素を1つに絞った記事は、初めてそのブログの記事を読む人にとっては読みやすく、検索エンジンに対しても効果的です。その一方で、続けてブログを読んでくれる読者に対しては、細切れに読んでもらうような感じになってしまいます。

そこで、ある大きなテーマについていくつかの記事を書いたときには、最後にまとめ記事を書きましょう。ネタフルでは、新しいパソコン(最近ならばMacBook Air)を購入したときに、まず「開封の儀(開梱して中身を取り出す様子のレポート)」から始まり「ファーストインプレッション」「工夫した使い方」といった記事を書くのが定番になっています。そして、ひととおり書いたところで「MacBook Air購入レポートまとめ」という記事も書きます。

ここで言うまとめ記事とは、ただの既存の記事のリンク集ではありません。例えば「MacBook Air購入レポートまとめ」ならば、購入から実際に使ってみたところまでを総括した文章で、文字どおりに既存の記事で書いたことを「まとめ」ましょう。また、旅行のまとめ記事であれば、個々の記事では触れていなかった、旅行全体を通しての印象や感想を書きます。

まとめ記事から読む読者にも配慮して、個々の記事を読みたくなってもらえるように、読みどころの紹介などを加えるのもいいでしょう。

ブログの場合は、カテゴリー別のインデックスやタグ別のインデックスが自動的に生成され、機能的にはそれらが「まとめ」の役割を果たします。しかし、自分の手で編集したまとめ記事のほうが、わ

かりやすく、読者にもよろこばれるでしょう。

　旅行のレポート記事は、観光地や店ごとに書くことが多い（店名や地名で検索されることが多いため）のですが、最後にまとめて、その旅行に関連した記事を紹介した記事を作ります。

長いスパンのまとめ記事も作ってみよう

　まとめ記事には、短期間に集中して書いたテーマの記事をまとめる場合もあれば、「1年間を振り返って」のような長期間のまとめもあります。

　例えば「今年購入してもっとも役に立ったガジェットベスト3」のような記事を、年末に書くのもいいでしょう。ネタフルの場合、結婚した芸能人のことをしばしば記事にしているので「○○年に結婚した芸能人カップル」というまとめ記事を書くこともあります。

　書いたときにはまとめることを意識していなくても、いつのまにか記事がまとまって違った意味を持つこともあります。コグレ

まとめ記事は、単なるリンク集ではありません。まとめたテーマ全体を振り返るコメントや解説も加えて、わかりやすい記事にしましょう

こんな結果が出る！

1 │ まとめ記事で、これから読んでくれる人にはわかりやすい案内を、すでに読んでくれた人には総括を提供できる

2 │ まとめ記事によってページビューを増やすことができ、SEOの効果も期待できる

Column

著者のブログ環境

著者2人がカバンに入れて持ち歩いている主なガジェットと、よく利用するアプリを紹介します。本書のテクニックとしては紹介しきれなかったものは、表の下に説明を加えています。気になるものがあったら、詳しい情報を調べてみてください。 [コグレ]

	コグレマサト	するぷ
パソコン	MacBook Air 13インチ	MacBook Air 11インチ
モバイルルーター	イー・モバイルPocket WiFI（42Mbps）	NTTドコモ Portable Wi-Fi
スマートフォン	iPhone 4S	iPhone 4
バッテリー	HyperJuice 60Whモデル／エネループ モバイルブースター KBC-L2S	HyperJuice 60Whモデル／パナソニック モバイル電源パックQE-PL201-W
デジカメ	リコー GR DIGITAL Ⅳ／キヤノン PowerShot G11	キヤノン EOS Kiss X5
Macアプリ		
ブラウザー	Google Chrome（テクニック17）	Google Chrome
ブログエディター	MarsEdit（テクニック14）	MarsEdit
画像編集	Jing（テクニック19）／Name Mangler（テクニック22）／ResizeIt（テクニック22）／Skitch（テクニック22）／anno2（※1）	Photo editor online（テクニック21）／Adobe Photoshop（テクニック21）／Skitch
ファイル転送	Transmit 4（※2）	Transmit 4
入力補助		TextExpander（テクニック15）／Snippets（テクニック93）
iPhone接続	PhoneDisk（※3）	
ファイル、データ管理	Pogoplug（※4）／Dropbox（テクニック26）／Evernote（テクニック26）	Dropbox／Evernote
iPhoneアプリ		
ブログエディター	するぷろ for iPhone（テクニック26）	するぷろ for iPhone
画像編集	PictShare（テクニック26）／OneCam（※5）／FastEver Snap（※6）	PictShare／OneCam／Photogene2（※7）
ファイル転送		FTP Client Pro（※8）

※1 anno2:画面キャプチャー&画像編集アプリ。部分拡大画像の作成などが容易(2980円)
　　http://www.sonoran.co.jp/Mac/anno/
※2 Transmit 4:高速性が特長のFTP（サーバーへのファイル転送）アプリ(2980円)
　　http://panic.com/jp/transmit/
※3 PhoneDisk:iPhoneをパソコンに接続し、外部ドライブのように利用できる(1640円)
　　http://www.macroplant.com/phonedisk/
※4 Pogoplug:専用端末にハードディスクを接続しオンラインストレージ化できるサービス
　　http://pogoplug.com/
※5 OneCam:音の出ないカメラアプリ。食事の撮影などに利用(170円)
※6 FastEver Snap:写真を撮影し高速にEvernoteに保存するアプリ(170円)
※7 Photogene2:色味の補正、切り抜き、文字入れなどができる写真編集アプリ(85円)
※8 FTP Client Pro:FTPアプリ。iPhoneからの写真のアップロードに利用(170円)

Chapter 03

ソーシャルメディアと連携して仲間を増やす

コミュニケーションを楽しみ、仲間を得るために、ソーシャルメディアとの連携は欠かせません。ブログの情報を投稿し、ソーシャルメディアから人を呼び込み、出会いや会話を増やすテクニックを解説します。

41 Twitter、Facebookを中心にソーシャルメディアとブログを連携しよう

ブログとソーシャルメディアは、切っても切れない関係です。どのサービスをどのように利用するか、基本的な方針を考えましょう。

> **RT（リツイート）**
> Twitterで、他のユーザーのツイートを自分のツイートとして再度発信し、自分のフォロワーに読んでもらう機能

‖ 爆発力のTwitter、機能充実のFacebook

ブログの読者とコミュニケーションし、親しくなって仲間を得るための場として、ソーシャルメディアはとても重要です。しかし、たくさんのサービスがあるので、どれをどのように利用すればいいのか迷ってしまうかもしれません。

ぼくは、まず1番にTwitterを重視しています。RT（リツイート）によって情報が短時間で広範囲に広がり、アクセスが一気に集まる爆発力は、他のサービスにはないものです。Twitter検索で自分のブログ名を検索（テクニック45参照）すると、その力を実感できます。

2番目に重視しているのがFacebookです。Twitterのような爆発力はありませんが、「いいね！」ボタンなどブログと親和性が高い機能が豊富で、Facebookからブログへ流入し、Facebookでブログを話題にしてもらうという、双方を行ったりきたりする関係を作りやすくなっています。2011年の後半ごろから、ブログにFacebookからのアクセスがどんどん増えていることを実感しています。

以降ではまずTwitterと、次にFacebookと、ブログを連携した活用テクニックを紹介していきます。特に重要なのは、テクニック49で解説するTwitterへの新着記事の自動投稿と、テクニック51、52で解説するFacebookページの作成、およびFacebookへの新着記事の自動投稿です。この3つは、必ずやってください。

‖ 意外と影響力が強い「はてなブックマーク」

はてなブックマークは、ソーシャルメディアとして話題になる機会は少ないものの、ブログのページビューには強い影響力を持ちます。はてなブックマーク内で人気になった記事がTwitterやFacebookまで波及することも多いものです。こちらとの連携も考慮しましょう。

‖「ウケること」にこだわりすぎない

　Twitterやはてなブックマークは非常に影響力が大きく、そこで話題になってブログへ急激にアクセスが集まることを体験すると、その刺激がクセになってしまうかもしれません。

　話題になること、ウケることはいいことなのですが、狙ってウケる記事を書こうとすると、余計な力が入ることにつながりやすくなります。そうして書いた記事は、テクニック1でも解説したように、結果的にはウケないことが多いものです。そして、ウケるつもりで書いた記事がウケないと、楽しく書くことができなくなってきます。結果、よりウケようとして力が入り悪循環になってしまったり、ブログに飽きてしまったりします。

　あくまでも、ソーシャルメディアでウケるかどうかは、ブログを楽しく書くうえでのスパイス程度に考えておきましょう。爆発的にウケて一時的にアクセスが集まることよりも、長く読み続けてくれる人が少しずつ増えていくことを意識するべきです。 [するぷ]

はてな ブックマーク

はてなが提供するソーシャルブックマークサービス。多くのユーザーがブックマークしたWebページは「人気エントリー」として目立つ位置に表示される

http://b.hatena.ne.jp/

Column

‖日本のユーザーに人気のサービスはどれ？

　日本のユーザーに人気が高いのは、どのサービスでしょうか？ニールセン・ネットレイティングスが2011年11月に発表したSNS利用動向レポートによると、主要各サービスの訪問者数は、Twitterが約1455万人、Facebookが約1132万人、mixiが約839万人、Google＋が約162万人となっています。なお、この訪問者数は2011年10月の家庭と職場のPCからのアクセスが対象で、携帯電話やスマートフォンからのアクセスは集計されていません。とはいえ、TwitterとFacebookが日本のユーザーにとって2大サービスとなっていると考えておけば、あながち的外れではなさそうです。

ニールセン・ネットレイティングス
「2011年10月の日本の主要SNSサイトの動向」
http://www.netratings.co.jp/news_release/2011/11/sns-report-Oct-2011.html

こんな結果が出る！

1. ブログと連携してソーシャルメディアを活用することで、仲間を得るチャンスを大幅に増やすことができる
2. まずはTwitterとFacebookに集中することで、効果的にソーシャルメディアを活用できる

42 ソーシャルメディアでのアイコンとアカウント名は統一する

ソーシャルメディアで、みんなに自分を覚えてもらう工夫をしましょう。そのためには、アイコンとアカウント名を統一することが効果的です。

印象に残るユニークなアイコンを使おう

昔はブログを黙々と書くだけで読者が集まり、みんなとコミュニケーションする機会を持てたものですが、ソーシャルメディア全盛の昨今、ソーシャルメディア上での存在感をある程度持つことも、ブロガーにとって重要です。具体的には、みんなとコミュニケーションを取り、会話を楽しむというだけのことで、特別なことではありません。ソーシャルメディアを楽しむことが、ブログの運営のためにも重要だというわけです。

ブロガーがソーシャルメディアを利用するうえで、心がけたいのが「自分を覚えてもらう」ということです。自分のハンドルネーム（名前）とブログをセットで、「あのブログを書いている人」として覚えてもらうことをめざしましょう。

ぼくのアイコンは、知り合いのナンシー小関さんに作ってもらったもの。このお面を作って動画に出演したこともあります

とはいえ、Twitter、Facebook、さらにはGoogle+など複数のサービスで、それぞれ大量の情報がリアルタイムで流れていく中、自分を覚えてもらうことは、簡単なことではありません。

そこで、まずはアイコンを統一しましょう(ハンドルネームももちろん統一しましょう)。大量の文字が流れていく中でも、ユニークな(他の誰のものにも似ていない)絵柄のアイコンは印象に残りやすいものです。個人的な経験でも「名前は覚えていないけれどアイコンは知っている」という人は意外と多くて、イベントなどで会ったときに、名刺に印刷されているアイコンから会話が始まる、というようなこともあります。ユニークなアイコンは、有力な武器になります。

それに、TwitterでもFacebookでもGoogle+でも、今後登場する他のサービスでもすべて同じアイコンを利用していれば、同じ人であることを認識してもらいやすくなります。

そう考えると、猫や花、赤ちゃんの写真のような、かわいらしいけれどユニークではないアイコンは、覚えてもらいにくくて不利です。ぜひ、印象に残るアイコンを選んでみてください。

║アカウント名を統一するとわかりやすい

もう1点、できるだけ各サービスで、アカウント名を統一するようにしましょう。例えばぼくは「kogure」というアカウント名を利用していますが、Twitterならば「http://twitter.com/kogure」、Facebookならば「http://www.facebook.com/kogure」のように、サービスが変わっても自分のアカウント(のページ)をみつけてもらいやすくなります。

各サービスで自分の好きなアカウントを取得するには、とにかく早く登録するか、他の人とは重複しないユニークなアカウント名を考えることが必要です。取得できなかった場合は、本来の(取得したかった)アカウント名に似たものとしましょう。統一されたアカウントは、他の人に伝えたり、名刺に印刷したりするときにもわかりやすくて有利です。 [コグレ]

こんな結果が出る！

1 | ユニークなアイコンとアカウント名を利用することで、みんなに自分のことを覚えてもらいやすくなる

2 | 自分を覚えていてもらえれば、新しいサービスでもそれまでつながっていた人とつながることが簡単になる

43 ブログのキャッチコピーや決まり文句を作る

ブログのキャッチコピーや決まり文句、目印の記号などを考えてみましょう。覚えてもらいやすくなり、書きやすさにもつながります。

繰り返すコピーや決まり文句で覚えてもらう

テクニック42では、画像（アイコン）によって自分を覚えてもらうことについて触れました。続いては、言葉の力によって自分を覚えてもらうことを考えます。

例えばブログのキャッチコピーを作ったり、本文の書き出しや最後に決まり文句を作ったりすることが考えられます。何度も繰り返されるフレーズによって覚えやすくなり、決まり文句で一種の「型」にはめることで、すんなりと読めるようになるのです。

するぷさんの和洋風◎では、記事の冒頭によく「こんにちは、するぷです！」と毎回少しずつセリフを変えたあいさつを入れています。このように、最初に元気なあいさつで勢いを作るのも、型にはめる1つの方法です。

ブログの名前も覚えやすさが重要

「覚えやすい言葉」という意味では、ブログの名前そのものも重要です。「ネタフル」は「ネタが降る、誰かにネタを振る、ネタがフル（Full）」といった意味をかけていますが、覚えてもらいやすく、引っかかりのある言葉にしたくて、考えに考えて、車の助手席に座ってドライブしていたときに、ひらめきました。まさに、空からネタがフってきた瞬間でした。

この名前は自分でもとても気に入っています。また、よく「『ネタフル』ってどういう意味なんですか？」と会話のきっかけにしていただくこともあります。

ネタフルでは、皆さんの身近に寄り添った存在になりたいという気持ちから「いつもあなたのそばに、ネタフル。」というキャッチコピーをつけていました。この気持ちは今も変わっていませんが、「ネタフル」だけで覚えていただけるようになったので、今のネタフルではデザインの都合を優先して、キャッチコピーを表示していません。

ちょっとした記号で覚えてもらう方法もある

ネタフルでは、記事のタイトルに「[N]」という記号をつけています。これは、タイトルを短くしたい（現在あてはまるかは不明ですが、SEOのためにはタイトルに単語を多く詰め込まないほうがいいという説がありました）、しかしネタフルの記事であることはわかるようにしたい、というときに考えたものです。

このように記号をつけると、検索エンジンで結果の一覧に「[N]」が表示されるようになり、あの記号はなんだ？　と気にしてもらえる機会が増えました。また、ネタフルをいつも読んでくれる人には「ネタフルの記事だ」とすぐに認識してもらえるというメリットもあります。さらに「N」と1文字だけで検索したときに上位にネタフルが表示される、という効果もありました。

このような記号は、例えば顔文字のようなものでもいいかもしれません。派手すぎる記号も考えものですが、いいアイデアがあったら、長く使って定着をめざしてみましょう。　コグレ

ネタフルの記事は❶タイトルに[N]が入っていて、検索エンジンでも目立ちます

こんな結果が出る！

1　キャッチコピーや記号などによって、みんなに「この記事はあのブログだ」と覚えてもらいやすくなる

2　決まり文句があると記事の切り口や展開のパターンが定まるので、書きやすく、同時に読みやすくなる

44 エゴサーチ＋「Googleアラート」でブログへの言及を調べる

ブログの名前や自分の名前で検索し、言及を調べることを「エゴサーチ」と呼びます。ブログへの反応を調べるために活用しましょう。

Googleアラート
Googleが提供する情報収集サービス。設定したキーワードに関する新しい情報（新しい検索結果）をメールで受け取ることができる
http://www.google.co.jp/alerts

Googleブログ検索
Googleが提供するブログを対象とした検索サービス
http://www.google.co.jp/blogsearch

エゴサーチで隠れた反応をみつけよう

アクセス解析でページビューや参照元など読者の行動を知ることはできても、記事を読んでおもしろいと思ってもらえたのか、それともつまらなかったのか、反対意見を持ったのか、といった反応まではわかりません。コメントとして自分の元に届いた以外の感想も、Webにはたくさんあるはずです。

そこで、自分のブログの名前やURL、ハンドルネームをキーワードにWebを検索し、ブログに関する言及を調べてみましょう。このように自分について検索することを「エゴサーチ」と呼びます。

エゴサーチでは、いい意見やうれしい感想がみつかることもあれば、耳の痛い厳しい指摘や、本人の目には止まらないだろうと思っての誹謗中傷がみつかる可能性もあります。利用には、心の強さと余裕を持っておきたいところです。基本的には、検索結果の上位にいきなり批判的な言及が表示される可能性は低いので、少しずつ見て気持ちを慣らすようにしていくといいでしょう。

このときに気をつけたいのが、自分のハンドルネームやブログの名前を入力して検索したのに、同名の別人のサイトが大量にみつかってしまうことです。ハンドルネームをダブルクォーテーション(")で囲む、URLで検索するなどして、自分以外の情報が出てこないキーワードを探しましょう。

Googleアラートで新着の検索結果を確認する

エゴサーチは、Googleアラートを利用すると便利です。設定したキーワードの新しい検索結果をメールで知らせてくれるので、新しい言及を自動的に知ることができます（批判的な言及もみつかる可能性があります）。また「Googleブログ検索」を利用すると、検索結果のフィードを「ブログ検索フィード」としてGoogleリーダーに登録できます（検索対象はブログに限定されます）。 コグレ

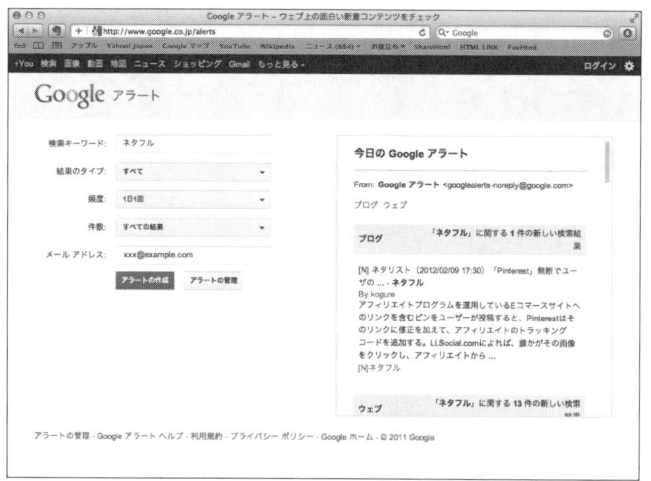

Googleアラートは設定したキーワードの新しい検索結果をメールで知らせてくれ、情報の定点観測に適しています

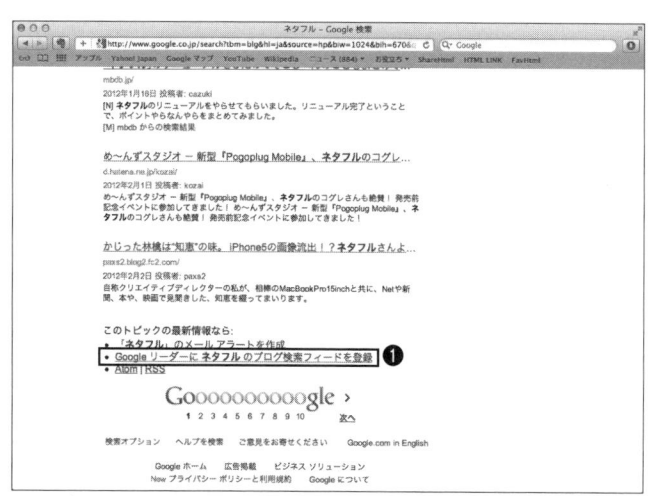

Googleブログ検索では、検索結果の一覧の下にある❶ブログ検索フィードを利用してGoogleリーダーでチェックできます

こんな結果が出る！

1 ブログをどんな人が読んでいるのか、情報がどのように流通しているのかを把握できる

2 厳しい反応も含め、たくさんの反応がわかり、今後の書き方のヒントになる

45 Twitter、Facebook、Google+でエゴサーチをする

Twitterなどでエゴサーチをすると、Web検索ではみつからない言及を発見できます。モチベーションアップや反省のために利用してみましょう。

ソーシャルメディアの中をエゴサーチしよう

ソーシャルメディアの各サービスで検索すると、Webのエゴサーチではみつかりにくい言及を探すことができます。

Webのエゴサーチでは主にブログやソーシャルブックマークでの言及がみつかりますが、ソーシャルメディアでは会話のネタや仲間との情報共有としての言及がみつかるので、ポジティブな内容が比較的多くなるようです。なお、いずれのサービスでも、公開範囲が限定された発言は検索できません。

Twitterでのエゴサーチ

Twitterのホーム画面などに表示される検索ボックスに、ブログの名前やURLなどのキーワードを入力して検索します。検索結果はリアルタイムに更新されるので、新しい言及があると、自動的に検索

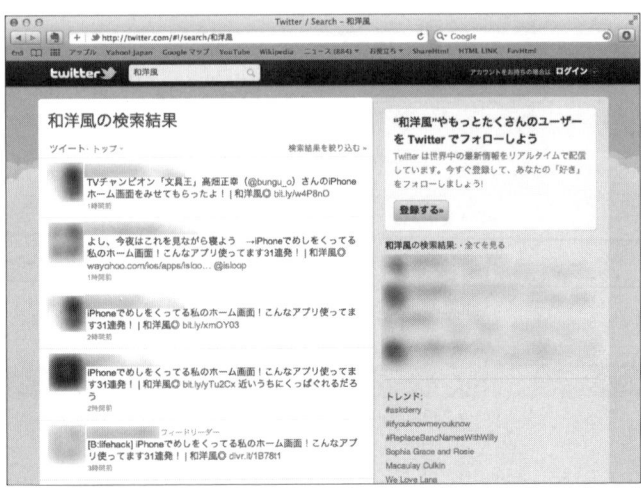

Twitterでのエゴサーチが、もっとも言及をみつけやすいでしょう。新しい言及があれば、次々と結果が更新されます

結果の一覧が更新されます。また、キーワードを「検索メモ」に登録して、次回から簡単に検索することが可能です。

Facebookでのエゴサーチ

Facebookでは情報公開範囲を限定して利用するユーザーが多いため、あまり多くの結果をみつけることはできません。「bingagain」でエゴサーチを行うと、記事がFacebookで共有（Share）された数が表示されるので、こちらも参考にしてみましょう。

また「Kurrently」を利用すると、Facebookの公開された投稿と、Twitterのツイートをまとめて検索できます。

Google＋でのエゴサーチ

Google+の検索ボックスから検索します。検索結果は自動更新されます。また検索を保存することができ、以降は1クリックで検索できるようになります。 するぶ

bingagain

BingAgainが提供する、Web、画像、動画、ニュースの検索エンジン。Web検索の結果にはFacebookでシェアされた数が表示される

http://www.bingagain.com/

Kurrently

Kurrentlyが提供する、TwitterとFacebookの横断検索サービス

http://www.kurrently.com/

Google+では誰かが共有した記事にコメントがつくので、Twitterとは別の形での話題の広がりを見ることができます

こんな結果が出る！

1 ソーシャルメディアでの多くの言及がみつかり、記事がどのように受け止められているのか知ることができる

2 エゴサーチを繰り返すと、よくブログを読んでくれる人を発見できることがあり、具体的な読者像が見える

46 「Klout」で ソーシャルメディアでの 自分の影響力を知る

ソーシャルメディア上での影響力を計測する「Klout」を試してみましょう。数値化された影響力のほか、関係の深い人を知ることができます。

Klout

Kloutが提供するソーシャルメディアにおける影響力診断サービス

http://klout.com/

自分の影響力を数値化してくれる「Klout」

「Klout」は、Twitter、Facebook、Google+などのソーシャルメディアにおける影響力を分析するサービスです。自分がソーシャルメディアでどのような存在なのかを客観的に知るための、ひとつの指標として利用してみましょう。

KloutにTwitterまたはFacebookのアカウントでサインアップすると「Klout Score」が表示されます。このスコア自体は、あくまでも参考程度に見ておくといいでしょう。

自分と関係の深いユーザーがわかる

Kloutのおもしろいところは、自分のスコアがわかるだけではなくて、関係の深いユーザーもわかる点です。これによって、ソーシャルメディア上での活動のヒントが得られます。

Kloutにサインアップすると、スコアが表示されます。ページの下部には詳細なデータが表示されます

メニューから[INFLUENCERS]を選択すると、自分が影響を与えている相手（YOU INFLUENCE）のリストと、自分が影響を受けている相手（YOUR INFLUENCERS）のリストを知ることができます。リストに挙がる相手には知っているユーザーが多いはずですが、中には意外なユーザーが挙がることもあります。

ここで挙げられるユーザーは、もっと交流を深めるべき相手の候補だと考えられます。Twitterでリストを作るなどして、より注意して動向をチェックするようにしたり、意識的に話しかけるようにしたりしてみましょう。

また[TOPICS]では、自分が影響力を持つキーワード（ただし英語のみで日本語のキーワードには非対応）が表示され、それぞれのキーワードについて、影響力の強いユーザーを知ることができます。英語圏のユーザーが多くなりますが、キーワードに関するネタ集めや、どのような人が影響力を持つのかを知るために、チェックしてみましょう。 [するぶ]

[INFLUENCERS]では、自分と関係の深いユーザーが表示されます。❶[YOU INFLUENCE]と❷[YOUR INFLUENCERS]を切り替えて確認しましょう

こんな結果が出る！

1 Klout Scoreによってソーシャルメディアにおける自分の影響力を知ることができる

2 周囲のユーザーとの関係を知ることができ、コミュニケーションや情報収集のヒントが得られる

47 ソーシャルメディアで知り合った人と会うときのために「ブロガー名刺」を作る

オフ会や、ソーシャルメディア発のセミナーに参加するときのために、自分をアピールする「ブロガー名刺」を用意しましょう。

ブロガー名刺で会話のきっかけを作る

ブロガーがオフ会やセミナーに参加するとき、必ず用意するべきものがあります。それは「ブロガー名刺」です。勤務先の名刺は常に持っているかもしれませんが、オフ会などの場で渡す名刺は、ハンドルネームやブログのURL、アイコンなどを印刷したブロガー名刺が望ましいです。

社会人が集まるオフ会では、「名刺を渡す」ことが有力な会話のきっかけになります。スマートフォンで連絡先の交換ができるアプリもありますが、使い慣れた道具としては、まだ名刺に一日の長があると言えるでしょう。そして会話のきっかけをつかんで親しくなれば、ソーシャルメディア上でも親密にコミュニケーションが続けられます。

覚えてもらうこと、会話のきっかけを作ることを考えると、ブロガー名刺のデザインにはこだわりたいところです。ぼくはユニークさとインパクトを重視して自分でデザインし、透明のシートに印刷しています。名刺を交換したその場でデザインを話題にしてもらえると、心の中ではガッツポーズです。他の人の名刺では、ブログのキャッチコピーや、興味のあるものなど、話のネタになるキーワードを入れているものが印象に残ります。

便利な名刺作成サービスを活用しよう

オリジナルデザインは難しい……という人は、プロにおまかせしてブロガー名刺を作ってみましょう。前川企画印刷のブロガー名刺サービスは、白黒なら100枚で1000円、カラーでも1300円と格安で発注できます。

その他には、ブロガー名刺のはしりとして有名な「MOO」のサービスもあります。ただしMOOは海外からの発送になるので、国内サービスよりも送料と納期がかかります。国内のサービスでは「Proca」がスマートなデザインで人気です。 するぷ

前川企画印刷のブロガー名刺は、注文時にトラックバックを送信する必要があります

Procaは、TwitterやFacebookのプロフィール情報やアイコンを利用した名刺を簡単に作成できるサービスです

前川企画印刷

兵庫県の印刷会社。「ブロガー名刺」サービスでは格安のオリジナル名刺が作成可能

http://www.kobe-maekawa.co.jp/products/bloger.html

MOO

アメリカとイギリスにショップを持つカード印刷サービス企業。小型の「MiniCards」、名刺サイズの「Business Cards」はブロガー名刺のはしりとして知られる

http://us.moo.com/

Proca

ホタルコーポレーションが提供する名刺印刷サービス。TwitterやFacebookの登録情報を利用して名刺を注文できる

http://proca.jp/

こんな結果が出る！

1. ブロガー名刺を持つことで、オフ会などの場で他の人にあいさつするきっかけが作りやすくなる
2. 対面での会話をして覚えてもらうことで、ソーシャルメディア上でのコミュニケーションも親密にできる

48 反応をたくさんもらうため「ツイート」「いいね!」「+1」ボタンを設置する

記事に反応をもらえるのはうれしいものです。ソーシャルメディアとの連携ボタンを設置して、気軽に反応をもらえるようにしましょう。

▎反応してもらうためのハードルを下げよう

記事に反応をもらえることは、うれしいものです。ぼくはほめられると、3日はそれをおかずにご飯が食べられそうなほど感激してしまいます。また言葉でなくても、Twitterで記事をツイートして紹介してもらえたり、Facebookで「いいね!」してもらえたりすると、うれしいものです。

うれしいことは多いほどいいですから、読んでくれた人が簡単に反応できるように、ソーシャルメディアとの連携ボタンを設置しましょう。Twitterの「ツイート」ボタン、Facebookの「いいね!」ボタン、そしてGoogle+の「+1」ボタンは、それぞれ簡単な設定をしてテンプレートにタグを挿入することで設置できます。詳しくは121ページのコラムを参照してください。

和洋風◎では、記事の上部、タイトルの横に大きな数字でツイー

和洋風◎では、記事の上部にツイート数がよく見えるように❶「ツイート」ボタンを設置し、記事の下部に他のソーシャルメディアのボタンをまとめて設置しています

ト数が表示される「ツイート」ボタンを設置しています。これは、ツイート数が多ければ、それに説得力を感じて読んでくれる人が多いと考えるためです。その他のボタンは、記事を読み終えてから使ってもらうことを考えて、本文の下にしています。

ページビューが増える効果もある

「ツイート」ボタンでツイートしてもらったり、「いいね！」や「+1」をしてもらったりすることで、それぞれのサービスに記事の情報が表示され、ページビューが増えることも期待できます。ボタンは、読者にとっては反応しやすく、他の人の反応が見やすくなり、ブロガーにとっては読まれる機会を増やせる一石三鳥のツールです。設置して損することはないので、必ず設置しておきましょう。 ［するぷ］

Column

ソーシャルメディア連携ボタンの設置方法

各サービスでは、以下のURLで公式のボタンの設置方法の説明やツールの提供をしています。説明をよく読んで利用しましょう。

Twitterの「ツイート」ボタン
［コードのプリビュー］以下に表示されるタグを、そのまま挿入すれば設置できます。

https://twitter.com/about/resources/buttons#tweet

Facebookの「いいね！(Like!)」ボタン
設定をして [Get Code] をクリックし、生成された2種類のタグを挿入します。[URL to Like] はブログの記事ページのパーマリンクを生成するブログツールのタグにする必要があるので、設定画面ではダミーのURLを入力し、挿入時に書き換えます。

https://developers.facebook.com/docs/reference/plugins/like/

Google+の「+1」ボタン
2種類のタグをそのまま挿入すれば設置できます。

http://www.google.com/intl/ja/webmasters/+1/button/index.html

こんな結果が出る！

1. 記事に反応をもらいやすくなって、励みになる。反応の数が見えることもモチベーションにつながる
2. ブログと各ソーシャルメディアとの結びつきが強くなり、アクセスが集まるチャンスも増える

49 Twitterから読者を獲得するため新着記事を自動投稿する

ブログの更新をソーシャルメディアでお知らせをするのは、ブロガーの常識だと言えます。「dlvr.it」を利用してTwitterへの投稿を自動化しましょう。

dlvr.it
dlvr.itが提供する、フィードを各種ソーシャルメディアに自動投稿するサービス。投稿時刻の設定、投稿時の書式の設定など機能が豊富。無料で利用できる

http://dlvr.it/

ブログ更新のお知らせを自動化しよう

ブログの新着記事をソーシャルメディアで知らせましょう。手動でもいいのですが、ここでは「『書く』こと以外は可能な限り自動化する」というポリシーに則り、Twitterへのお知らせを自動でできるdlvr.itというサービスを利用します。

dlvr.itはブログなどのフィードを利用して、Twitter、Facebookなど複数のソーシャルメディアに更新情報を自動投稿できるサービスです（Facebookへの自動投稿は別のツールがおすすめなので、テクニック52であらためて解説します）。サインアップをすませ、ブログのフィードとTwitterへの投稿を設定すれば、更新を30分ごとにチェックし、新着記事があるときに自動でタイトルとURLをツイートするようになります。

時間差で2回ツイートするのが効果的

Twitterでブログ更新のお知らせをしても、すぐタイムラインを流れていってしまうため、ツイートを目に止めてくれる人は意外と少

❶ブログのフィードと❷Twitterへの投稿を設定した状態。これで自動投稿が行われます

ないものです。そこで、時間を開けて再度お知らせするようにするのも手です。

ぼくは、ブログを更新した直後に手動でお知らせをします。そしてdlvr.itは更新チェックの間隔を3時間に設定しているので、最大で3時間開けて自動でお知らのツイートが投稿されるようになっています。手動と自動の順番は逆でもいいでしょう。あまり間隔が短かったり、回数が多かったりすると、何度もツイートを目にした人からクレームが入ることもあるので気をつけます。

お知らせのツイートの書き方についていろいろと試してみましたが、タイトルとURLだけのシンプルな内容が、クリック率もRT率も高いようです。一方で、ネタに関連したハッシュタグをつけることで多くの人に知ってもらえる効果もあるため、ぼくは手動でツイートするときにはハッシュタグをつけ、dlvr.itからの自動投稿はタイトルとURLだけになるようにしています。 [するぶ]

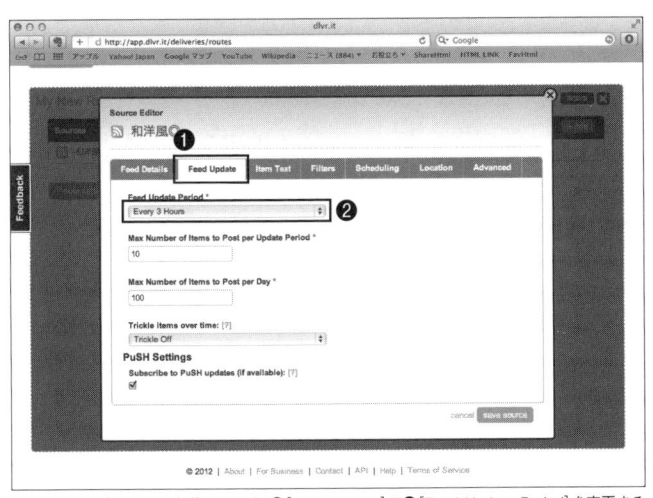

フィードの設定を細かく編集できます。❶[Feed Update]の❷[Feed Update Period]を変更すると更新チェックの間隔を変更できます

こんな結果が出る！

1 Twitterを経由して記事を読んでもらう機会が増え、ページビューの増加につながる

2 多くのフォロワーに記事を読んでもらうことで、Twitterで記事の内容をふまえた会話ができるようになる

50 Twitterで話題になった記事を「Topsy」のブログパーツで紹介する

ブログのどの記事がTwitterで話題になっているか、読者に知らせましょう。Topsyのブログパーツを作成し、設置します。

Topsy

Topsy Labsが提供するTwitter検索サービス

http://topsy.com/

‖「Twitterで話題の記事」を読者に紹介しよう

テクニック31では内容が関連する記事を表示するブログパーツを紹介しましたが、ここでは、Twitterで話題の記事を紹介するための、Topsyのブログパーツを紹介します。

ブログの記事がソーシャルメディアで話題になっていたら、他の人にも「みんなが読んでいる記事を、読んでみませんか？」と知らせたくなります。読者の立場でも、どの記事が話題になったか、というのは気になるところです。それを紹介するブログパーツがあれば、興味を持ってもらえることでしょう。

TopsyはTwitter検索サービスですが検索ボックスにキーワードを入力するのでなく、「http://topsy.com/netafull.net」のように「http://topsy.com/」に続けてブログの「http://」を抜いたURLを入力すると、検索結果の右側にブログパーツが表示されます。

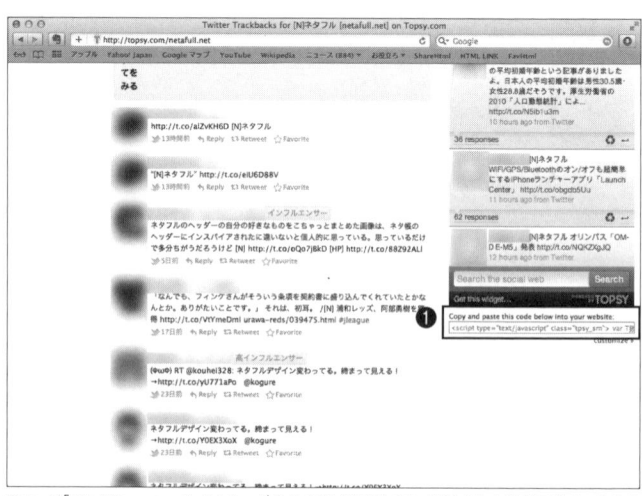

Topsyで「http://topsy.com/netafull.net」のようにURLを入力し、表示された❶ブログパーツのタグを利用します

そして、その最下部にブログパーツを設置するためのタグが表示されます。これをコピーしてテンプレートに挿入しましょう。

このとき注意したいのが、ブログパーツの対象は基本的にドメイン全体になるという点です。

例えば「http://info.cocolog-nifty.com/」のようにサブドメインを使用したブログの場合、「http://topsy.com/info.cocolog-nifty.com/」からブログパーツを取得しても「cocolog-nifty.com」全体を対象としたブログパーツになってしまいます。そのときは、コピーしたタグにある「'site:cocolog-nifty.com'」という部分を編集して、「'site:info.cocolog-nifty.com'」とします。「http://d.hatena.ne.jp/hatenapr/」のようにスラッシュが入るURLは「'site:d.hatena.ne.jp/hatenapr/'」と編集します。

また「title: 'Buzz on netafull.net'」のように「Buzz on ○○」となっている部分を編集すると、ブログパーツのタイトルを編集できます。 コグレ

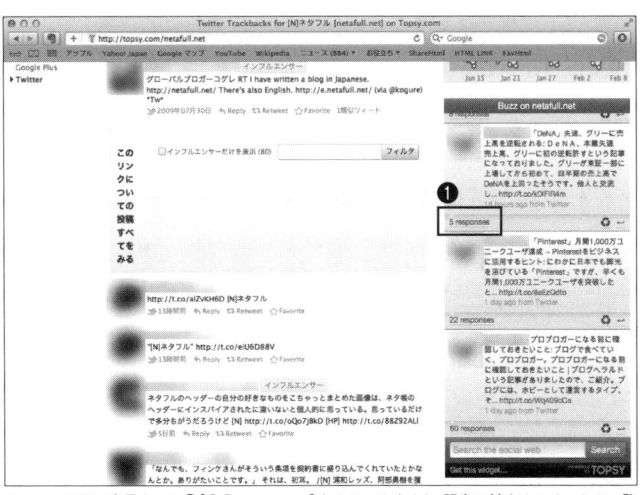

ツイートの下に表示される❶[○○ responses]をクリックすると、記事に対するツイートの一覧が表示されます

こんな結果が出る！

1 | Twitterで話題になった記事を紹介して、読者に「もう1本」記事を読んでもらうことができる

2 | 他の読者のTwitterでの反応を知ってもらうことで、読者にもっとツイートしてもらえる可能性がある

51 ブログの Facebook出張所として「Facebookページ」を作る

Facebookに、ブログの出張所としてFacebookページを作りましょう。新着記事のお知らせや、コミュニケーションの場になります。

Facebookページの作成

Facebookページは、以下のURLから作成する

http://www.facebook.com/bookmarks/pages

‖Facebookページはブログの読者向けページ

　自分のブログのFacebookページを作りましょう。Facebookページはかつて「Facebookファンページ」という名前でしたが、改称されました。ブロガーとしては、ファン（読者）向けのページだと考えていれば、うまく利用できると思います。

　Facebookは実名での登録が必要ですが、ハンドルネームやブログの名前のFacebookページを作ることで、それらの名前で「いいね！」や投稿ができるようになります。実名のアカウントと、ブロガーとしての自分とを切り分けて活動ができるわけです。

　実名でブログを運営している人にも、Facebookページのメリットはあります。ブログは「自分のことをまだ知らない人」にまで届くように書くものですから、プライベートの自分と、ブロガーとしての自分を切り分けられたほうが健全です。

Facebookのページの基本データの編集画面。❶[このページのユーザーネームを作成しますか？]をクリックしてユーザーネームを設定します

Facebookページの作成は簡単

ブログのFacebookページを作成するとき、個人のブログならば[ブランドまたは製品] - [ウェブサイト]を選び、ブランドまたは製品の名前としてブログの名前を設定するのがいいでしょう(企業のブログならば「会社名または団体名」、個人事業をしている場合は「アーティスト、バンドまたは著名人」が適当です)。

プロフィール写真を設定し、友達を招待し、基本データを入力したらFacebookページができあがります。このとき、忘れずに[基本データを編集] - [このページのユーザーネームを作成しますか?]をクリックしましょう。普通のユーザーと同じように、Facebookページのユーザーネーム(アカウント名)が設定できます(ネタフルのFacebookページは「http://www.facebook.com/netafull」です)。

引き続き、Facebookページに新着記事を自動投稿する設定を行いましょう。テクニック52で解説します。 コグレ

ネタフルのFacebookページでは新着記事を自動投稿しています。「いいね!」してくれた人のニュースフィードに、新着記事の情報が表示されます

こんな結果が出る!

1 新着記事のお知らせなどができる。また、ハンドルネームやブログ名でFacebookを利用できるようになる

2 Facebook上で個人としての活動とブロガーとしての活動を切り分けて、プライバシーを確保しやすくなる

52 「RSS Graffiti」でFacebookに新着記事を自動投稿する

Facebookにブログの新着記事を自動投稿するためにRSS Graffitiを利用しましょう。現時点で、もっとも確実な自動投稿ツールです。

RSS Graffiti

Demand Mediaが提供する、フィードを自動投稿するFacebookアプリ

http://apps.facebook.com/rssgraffiti/

Facebookでもっとも確実な自動投稿ツール

テクニック49ではTwitterやFacebookに新着記事を自動投稿できるdlvr.itを紹介しましたが、Facebook向けの自動投稿ツールとしては、RSS Graffitiがピカイチです。動作が安定していて、また、記事中の画像のサムネイルを一緒に投稿してくれるので目立ちやすいのもいいところです。もちろん、自分のウォールとFacebookページの両方に自動投稿が可能です。

RSS Graffitiの設定は、それほど難しくありません。Facebookにログインした状態でRSS Graffitiにアクセスし、画面のメッセージにしたがい自分のアカウントや自動投稿したいFacebookページへのアクセスも許可していきます。

その後、自分のアカウントやFacebookページのそれぞれで[Add feed]をクリックして、フィードのURL(Feed URL)を入力して[click

RSS Graffitiのページにアクセスしたら❶[Click HERE to authorize RSS Graffiti]をクリックして設定を開始します

here to fetch and preview]をクリックすると、どのように自動投稿されるかのプレビューが表示されます。このとき本文が長すぎると感じたときには[Post Style]に[Compact]を選択しましょう（通常は[Standard]）。[Save]をクリックして保存すれば設定完了です。あとはブログを書いていくだけで、Facebookに次々と新着記事が投稿されます。

ソーシャルメディアとの連携が大幅にラクになる

TwitterとFacebookという人気の2大サービスに対して、ブログを書く時間を削ることなく自動で新着記事のお知らせができることは、非常にラクで、また効果的です。

ブログをいつも読んでくれる読者には、フィードリーダーを活用している人もいれば、TwitterやFacebookで新着記事の情報を見る方が便利だという人もいます。そうした人たちのためにも、使えるツールはとことん活用しましょう。 するぷ

❶[Feed URL]にフィードのURLを入力して❷[click here to fetch and preview]をクリックすると、❸どのように自動投稿されるのかをプレビューできます

こんな結果が出る！

1 | Facebookの友達やFacebookページに「いいね！」をしてくれた人に、ブログの新着記事を自動的に知らせることができる

2 | Facebookに最適な表示で新着記事を知らせることができ、告知の効果を最大化できる

53 高機能な「Facebookコメント」をブログのコメント欄にする

コメントがもらえない、コメント欄が荒れる、といった問題の解決に、Facebookコメントは最適です。ブログのページビュー増も期待できます。

‖ Facebookコメントは理想的なコメントシステム

ブログにコメントがもらえないのは寂しいですが、荒れてしまうのも困りもので、コメント欄の運営はなかなか難しいものです。最近はソーシャルメディアでコミュニケーションができるので、コメント欄を設けていないブログも多くなっています。

ぼくはいろいろなコメントシステムを試してきましたが、次の3つの理由から、Facebookコメントがもっとも理想的なシステムだと感じています。

1つ目は、コメントを書いてもらうための敷居が低いことです。Facebookにログインしていれば名前などの入力が必要なく、コメントの本文を入力してもらうだけ。また、コメントフォームのデザインもFacebookを踏襲しているため、わかりやすくなっています。

2つ目は、実名のSNSであるFacebookのアカウントで書き込んで

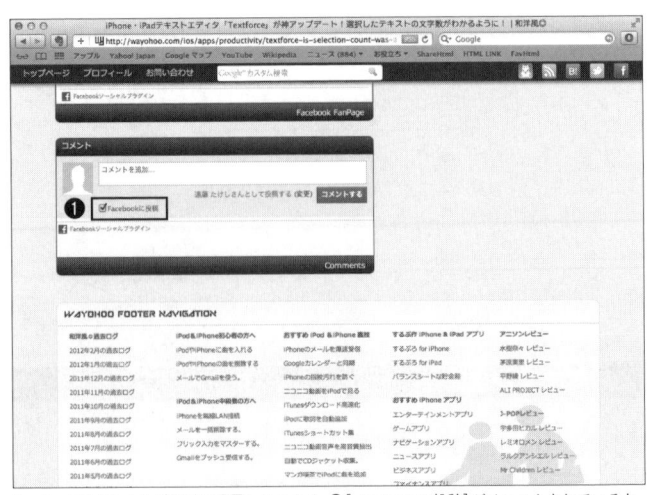

Facebookコメントをブログに設置したところ。❶[Facebookに投稿]がチェックされていると、コメントがユーザーのウォールにも投稿されます

もらうため、荒れにくいことです。Facebookの中では実名で活動するけれどオープンなWebでは実名を出したくないという場合には、Facebookページの名前で書き込むこともできます。もちろんブログの書き手側も、Facebookのページで書き込めます（ぼくも返信は和洋風◎のFacebookページの名前で書いています）。

　和洋風◎にFacebookコメントを導入するときには、それまでのコメント欄を廃止してしまうので、コメントが消えて寂しくなり、これからコメントがもらえなくなったらどうしようかと心配していました。しかし実際にやってみると、それまでとかわらず、にぎやかなコメントを書いてもらうことができています。そして、たまにあったネガコメ——匿名でチクリと嫌なことを言うようなコメントが、なくなりました。

　そして3つ目は、コメントを書いてくれた人のウォールにコメントと記事が掲載されるので、そこからアクセスがあってページビューが増えることです。

　しかも、ネガティブなコメントが増えてページビューも増える、いわゆる「炎上」と違って、このシステムならば、コメントを書いてくれた人のポジティブなコメントからページビューが増え、さらにポジティブなコメントが増えていくことが期待できます。とても前向きなシステムだと言えるでしょう。

　Facebookコメントの詳しい設置方法については、132ページを参照してください。 するぷ

Column

‖「コメントモデレーションツール」も利用できる

　Facebookコメントには、コメントモデレーションツールという管理機能が用意されています。ブログの各記事に書き込まれた新着コメントをまとめてチェックしたり、「いいね！」をしたりすることができて便利です。詳しい設置方法と利用方法は、133ページを参照してください。

こんな結果が出る！

1. 書き込んでもらいやすく、荒れにくい理想的なコメントシステムが利用できる
2. コメントが増えれば増えるほどページビューも増える、前向きなスパイラルができあがる

Column

‖ Facebookコメントの設置方法

Facebookコメントの設置は、次の3つのステップで行います。順番に手順を解説します。

‖ 1.Facebook開発者ページでFacebookアプリを作成する

Facebook開発者ページのアプリ作成画面(以下のURL)にアクセスしてログインし、Facebookアプリを新規作成するための情報を入力します。[App Display Name]は自分が識別するためのものなので、ブログ名を入力しておけばいいでしょう。[App Namespace]はFacebookが管理するもので、他のユーザーが取得していない名前を入力する必要があります。半角英小文字とハイフン、アンダースコアが使用可能です。

作成が完了するとFacebookアプリの基本設定画面が表示されます。表示される情報のうち[App ID]はあとで使用するので、メモしておきましょう。

Facebook開発者ページ　New App
http://developers.facebook.com/setup/

Facebookアプリの作成が完了した基本設定画面。❶[App ID]の数字をメモしておきます

‖ 2.Facebookコメントのタグを生成し、ブログのテンプレートに挿入する

Facebookコメントの設定ページ(以下のURL)にアクセスし、設定を選んで[Get Code]をクリックします。このとき[URL to comment on]は初期状態の「http://example.com」のままにしておきます。

すると[Commentsのプラグインコード]として、HTMLのタグが2つ生成されます。1のタグは記事ページのテンプレートのBODY開始タグのすぐ下に挿入します。

2のタグは「http://example.com」をブログツールの記事のパーマリンクを出力するタグ(Movable Typeは「<$mt:EntryPermalink$>」、WordPressは「<?php the_permalink(); ?>」) に変更したうえで、BODY終了タグのすぐ上に挿入します。

Facebookコメントの設定ページ
https://developers.facebook.com/docs/reference/plugins/comments/

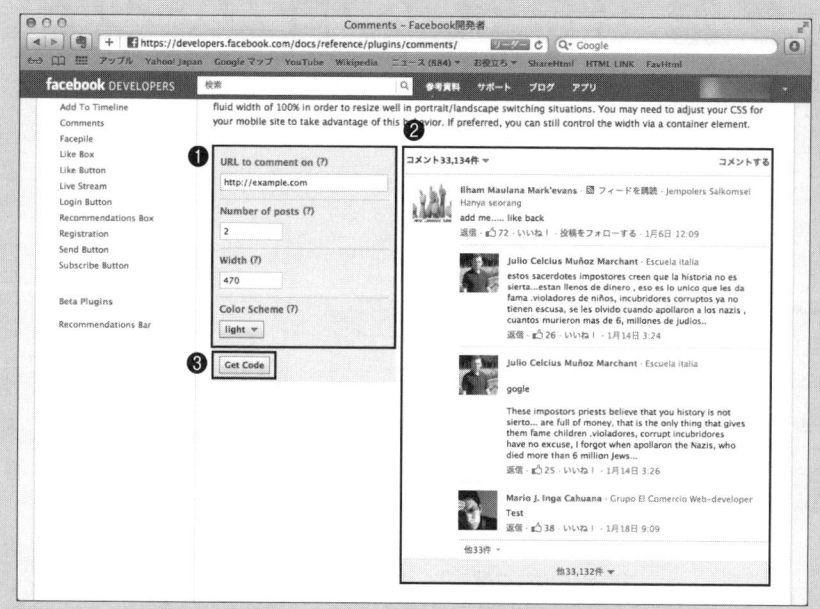

Facebookコメントの設定画面。❶設定項目に応じた❷プレビューが表示されます。❸[Get Code]をクリックするとタグが表示されます

3.管理用のMETAタグをブログのテンプレートに挿入する

最後に、以下のMETAタグの「App ID」をFacebookアプリを作成したときのApp IDに置き換えて、記事ページのテンプレートのHEAD開始タグのすぐ下に挿入します。

```
<meta property="fb:admins" content="App ID"/>
```

以上3つのタグの挿入ができたら、Facebookコメントの設置は完了です。既存のコメント欄の閉鎖などが必要ならば行い、Movable Typeでは再構築をすると、Facebookコメントが表示されます。

ブログに書き込まれたコメントは、以下のコメントモデレーションツールで一括管理が可能です。コメントモデレーションツールでは、ブログの各記事に書き込まれたコメントを一覧し、「いいね！」や返信ができます(モデレーションツール内ではユーザーの名前から「いいね！」などをすることになります。Facebookページの名前で「いいね！」や返信をするためには、ブログの記事ページにアクセスします)。また、問題のあるコメントの非表示や問題のあるユーザーのブロック、禁止フレーズの設定などもできます。するぶ

コメントモデレーションツール
https://developers.facebook.com/tools/comments/

54 「FBLkit」のブログパーツで「いいね!」が多い記事を紹介する

Facebookでたくさん「いいね!」された記事を、読者に紹介してみましょう。ここでは「FBLkit」のブログパーツを利用します。

FBLkit
AbiStudio.comが提供するFacebookの「いいね!」ランキングサービス
http://fblkit.com/jp/

「いいね!」が多い記事のランキングを紹介

FBLkitのブログパーツは、Facebookでたくさん「いいね!」された記事を紹介できます。テクニック50で紹介したTopsyのブログパーツはTwitterで話題の記事(最近ツイートされた記事)を紹介するものでしたが、こちらは一定の期間内にFacebookで「いいね!」された数が多い順に、記事を紹介します。

設置のためには2段階の作業が必要です。まず、FBLkitのサイトで[参加用タグ発行]をクリックし、表示されたタグを記事ページのテンプレートに挿入します。このとき同時に、「いいね!」ボタンも設置するといいでしょう(方法はテクニック48を参照してください)。参加用タグを挿入した直後は、まだサーバーにデータが集められておらず、ブログパーツを設置しても何も表示されません。24時間前

FBLkitのサイトで❶[参加用タグ発行]をクリックし、タグをブログに挿入します。❷[ブログパーツ]をクリックするとブログパーツの設定画面が表示されます

後待ってからブログパーツのサイズや色をカスタマイズしてタグを生成し、ブログに挿入します。

記事紹介ブログパーツをいろいろ試してみよう

「もう1本」を読んでもらうためのブログパーツとしては、テクニック31でも2つのブログパーツを紹介しました。さらにテクニック50のTopsyやこのFBLkitもある中で、どのブログパーツをどのように使うと効果的かは、いろいろと試してみましょう。

Twitterでのツイートが多いブログではTopsyを、Facebookからの「いいね！」が多いブログではFBLkitを目立つ場所に設置するのが、にぎわっている感じが伝わるようになっていいですが、ときどきは、入れ替えて見せる情報を変えてみましょう（詳しくは「模様替え」として、テクニック99でも解説します）。TwitterやFacebookの反応の変化や、アクセス解析のデータ（特に参照元）を見ながら、効果的な使い方を探りましょう。 コグレ

ブログパーツは、サイズや色、ランキングを集計する期間などを設定してタグを取得します

こんな結果が出る！

1. Facebookでたくさん「いいね！」された記事を紹介して、読者に「もう1本」を読んでもらうことができる
2. 「いいね！」が多い記事を見てもらうことで、読者に「いいね！」することを意識してもらいやすくなる

55 Facebookの「ソーシャルプラグイン」を利用する

Facebookのソーシャルプラグインは、ブログに設置できるツール群です。さまざまなものがあるので、試してみましょう。

Social Plugins

Facebookが提供するソーシャルプラグインの一覧

http://developers.facebook.com/docs/plugins/

Facebookとブログを連携させる多彩なツール

　Facebookのソーシャルプラグイン（Social Plugins）は、ブログや他のソーシャルメディアとFacebookとの連携を深めるためのツール群です。これまでに紹介した「いいね！」ボタンや、Facebookコメントも含まれます。

　設置の方法は「いいね！」ボタンと同様で「Social Plugins」のページから各プラグインを選択し、フォームに設定項目を入力してタグを取得します。「App ID」の入力が必要な場合は、Facebookコメントを設置するとき（132ページ参照）と同様にしてアプリを作成し、基本設定画面から取得します。ここでは、ブロガー向けのソーシャルプラグインを3つ紹介します。

Like Box（Facebookもチェック）

　Facebookページへの「いいね！」ボタンをブログに設置するため

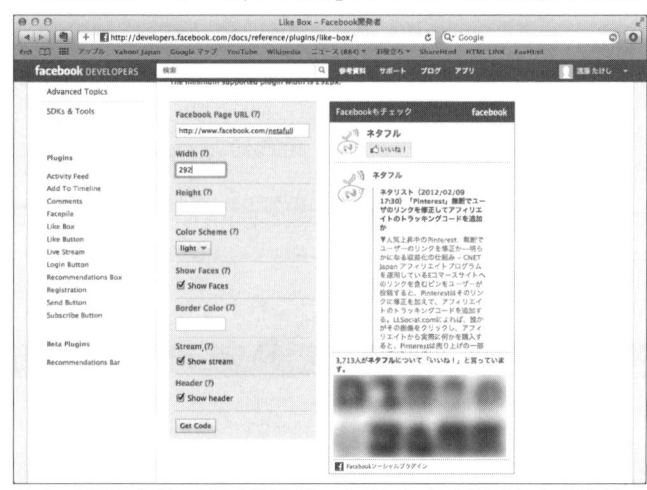

Like Boxの設定とプレビュー画面。友達の誰が「いいね！」しているかも知らせることができます

に利用します。Facebookページの最近の投稿(Stream)や、「いいね！」している人のアイコンを表示することができます。

Recommendations（おすすめ）

テクニック54で紹介した「FBLkit」に似た、Facebookで「いいね！」された記事を紹介するプラグインです。最近「いいね！」された記事を表示し、読者の友達が「いいね！」していれば、その人の名前も表示します。

Activity Feed（最近のアクティビティ）

ブログに対する、読者の友達の「いいね！」などのアクティビティを表示します。友達のアクティビティが特にない場合はRecommendationsと同様の動作になります。

Facebookの特性を活用しよう

Facebookは顔見知りどうしが友達としてつながり、コミュニケーションの密度が高いことが特長です。自分の友達やブログを通じて知り合った仲間の多くがFacebookを利用しているなら、ソーシャルプラグインによってFacebookとの連携を強めることで、友達関係を通じてブログの情報が広がりやすくなり、仲間を増やしていくうえでも役立つでしょう。 コグレ

Column

JavaScript SDKのためのタグは1つだけでいい

「いいね！」ボタンやFacebookコメント、ソーシャルプラグインを利用するために必要な2種類のタグのうち、BODY開始タグのすぐ下に挿入する「ページにJavaScript SDKを含めます」と説明されるタグは共通なので、複数を利用するときでも1つだけ挿入すればOKです。下から3行目に「&appId=～」という文字がある場合とない場合があるので、文字があるタグを1つだけ挿入しましょう。

こんな結果が出る！

1 Facebookユーザーのための情報が増え、友達の「いいね！」を参考に記事を読んでもらうことが可能になる

2 読者のFacebookの友達がブログを知ってくれて、新しい読者や仲間を得るチャンスが増える

56 ブログの「Google＋ページ」や「mixiページ」を作る

Google＋ページやmixiページも利用できます。機能はまだ充実していませんが、ブログの間口を広げる効果を期待できるでしょう。

Google+ページ
Google+で自分のブログのページが作成できるサービス

http://plus.google.com/pages/create

mixiページ
SNS「mixi」内で自分のブログのページが作成できるサービス

http://page.mixi.co.jp/

Google＋とmixiでもブログのページが持てる

Facebookページに対抗するような形で、Google＋のGoogle＋ページ、mixiのmixiページも提供されています。

ただし、これらはFacebookページほど多機能ではありません。Google＋ページは完全に手作業で運営する必要があるため、新着記事をお知らせするだけでも、ブログを書く時間が削られてしまいます。今後の機能アップに期待して開設してもいいのですが、現時点で活用する価値があるのかは疑問符がつきます。

mixiページは、Twitterとの連動で、ツイートをmixiページに投稿することが可能です。和洋風◎では、新着記事の情報だけをツイートするアカウントがあるので、このアカウントとmixiページを連動させて、新着記事のお知らせを自動投稿しています。

Google＋ページの作成ページ。ブログのGoogle＋ページは［商品/ブランド］-［ウェブサイト］を選択して作成しましょう

ブログのテーマや読者の属性を考えて利用しよう

2012年2月現在では、Google＋ページもmixiページも、肝心のブログがおろそかになるくらいなら、熱心に運営する必要はないと思います。

Google＋はユーザー数がそれほど多くないうえに、現在Google＋を利用するような先進的なユーザーであれば、ほとんどFacebookやTwitterも利用していると考えられます。

mixiページは、和洋風◎のページを開設しても、それほどフォローしてくれたユーザーは増えていません。mixiはアップル好きやスマートフォン好きが多いわけではなく、mixiページのランキングを見れば、アイドルやアーティスト、キャラクターなどのページが目立ちます。それらに関係するテーマのブログならば、効果は大きいかもしれません。

もしも、友達の多くがGoogle＋やmixiを利用しているならば、そうした人たちのために開設するのもいいでしょう。 するぷ

mixiページの人気ランキング（http://page.mixi.co.jp/ranking/）。アーティストやキャラクターのページが目立ちます

こんな結果が出る！

1. できるだけブログを知ってもらう機会を増やすことで、ページビューの増加を見込むことができる
2. TwitterやFacebookとは属性が異なる人たちにブログを読んでもらい、コミュニケーションできる可能性がある

57 はてなブックマークの ボタンをブログに設置する

はてなブックマークは、多くのアクセスをもたらしてくれるサービスです。ブックマークボタンを設置して、連携を意識しましょう。

▌高い影響力を持つソーシャルブックマーク

はてなブックマークは、昨今のソーシャルメディアブームの中で名前が挙がる機会こそ少ないものの、初期のブログブームと同時期に開始された老舗サービスで、今でも高い影響力を持ちます。

トップページに表示される「人気エントリー」となれば1日に1000ページビュー以上が流れ込むこともあります。また、はてなブックマークのデータに連携するサービスも多いため、それらで紹介されることもあります。

ネット歴が長い人や、ブログを長く続けている人に利用者が多く、はてなブックマークで目立つことで、思わぬ有名ブログに紹介されたり、さらにTwitterやFacebookに波及したりと、副次的な効果もあります。

そんなはてなブックマークと連携するため、ブログにブックマー

はてなブックマークボタンの作成・設置について

はてなブックマークボタンを作成できる

http://b.hatena.ne.jp/guide/bbutton

はてなブックマークのデータに連係するサービス

誠 Biz.ID「はてなブックマーク人気記事一覧」(以下のURL)などは、はてなブックマークの人気記事や、注目記事を紹介するサービスが複数存在する

http://bizmakoto.jp/bizid/bhatena.html

ブックマークボタンを設定してブログに設置しましょう。3種類のデザインが選択できます

ボタンを設置しましょう。「はてなブックマークボタンの作成・設置について」にアクセスし、タグを取得してブログのテンプレートに設置します。タグを取得するときにURLとタイトルの入力を求められます。これは挿入時に、記事ページのパーマリンクと、記事のタイトルを出力するブログツールのタグに置き換えましょう。

ブログを始めたばかりの人にも心強い味方

はてなブックマークでは、人気ブログの記事が必ずしも人気エントリーになるわけではありません。まだ読者や仲間が少ない初心者にも、平等に人気エントリーになるチャンスがあります。

ブログを始めたばかりで、アクセスを集める方法をとにかく知りたい！　という人は、はてなブックマークの人気エントリーを研究してみるといいでしょう。それが方法のすべてだとは限りませんが、キャッチーな記事、ついブックマークしたくなる記事のサンプルが、人気エントリーには詰まっています。[するぷ]

Column

ブログパーツも利用できる

「はてなブックマークブログパーツ」のページにアクセスすると、3種類のブログパーツを利用できます。このうち「ブログのサイドバーに人気の記事を表示」は、はてなブックマークでよくブックマークされた記事を表示できます。表示方式を2種類から選択でき、「新着エントリー」は、最近よくブックマークされた（5人以上にブックマークされた）記事を新着順に表示し、「人気エントリー」は、ブックマーク数が多い順番に記事を表示します。どちらを利用してもおもしろいのですが、何度もアクセスしてくれる読者には新着エントリー、初めての読者に「このブログの代表的な記事」を知ってもらうならば人気エントリーが役立つでしょう。

はてなブックマークブログパーツ
http://b.hatena.ne.jp/guide/blogparts

こんな結果が出る！

1 | ブックマークボタンを設置することで、はてなブックマークの影響力を有効に活用できる可能性が高まる

2 | はてなブックマークを情報源に活動するブロガーの目にとまることで、思わぬつながりを得られることもある

58 他のブログの記事をソーシャルメディアで積極的に共有する

「自分がしてほしいことは、まず自分が他の人にしてあげましょう」。これはブログの世界でも同じです。積極的に他のブログに反応しましょう。

ただ待つだけでなく、自分から動いてみよう

「情けは人のためならず」。人にしてあげたことは、いつか自分にもどってくる、という意味の古いことわざですが、インターネットでも通用する大事な考え方だと思います。

ブログを書いていて、記事の反応がほしくて「ツイート」ボタンや「いいね！」ボタンを設置していながら、自分では他のブログに対して何の反応もしたことがない、という人はいないでしょうか。反応がほしいほしいといつも思っている人ほど、自分自身は他のブログに対して反応しようとしない、ということは往々にしてあるようです。

まずは、自分から積極的に他のブログの記事をツイートしたり、「いいね！」や「＋1」したりしてみてください。そうすれば、自分のブログに対しても、反応が増えてくるはずです。ただ、当然ですが対象は何でもいいわけではありません。心からいいなと思える記事を探して、ツイートや「いいね！」やシェア、「＋1」をするのです。

自分が動くことで、周囲に動きが生まれる

例えばあなたが興味のある記事、いいなと思う記事をソーシャルメディアで共有することを続けていると、しだいにその情報が伝わって、同じような興味や価値観を持つ人が周囲に集まるようになります。

すると、あなたに興味を持ってブログを読んだ読者が、気に入った記事を、あなたの行動にならってソーシャルメディアで共有してくれるようになります。また、あなたが共有した記事を書いたブロガーが、あなたのブログを読んで、同様に記事を共有してくれることもあるでしょう。あなたが率先して行動すれば、じっと誰かが反応してくれるのを待っているよりも、ずっと力強くコミュニケーションを起こせるのです。

ブログのネタ集めをしていると、おもしろいけれど自分のブログ向きではないネタや、書ききれないネタ、紹介したいけれどコメントが難しいネタなどをみつけることがあります。そうしたネタを自分だけで楽しむのではなく、ソーシャルメディアで共有してみましょう。少しブログを書く時間が削られるかもしれませんが、それに見合うだけのおもしろいコミュニケーションができ、注目や信頼を集められるはずです。[するぶ]

Column

‖ ネタ共有に役立つブックマークレット

　各ソーシャルメディアに対応したブックマークレット（Google＋だけは非公式です）を利用すると、ブラウザーで表示中のページをすぐに共有できて便利です。それぞれ設定しておきましょう。

Twitterの「Share Bookmarklet」

　[Getting the Bookmarklet] の [Share on Twitter] を登録します。ブックマークレットを呼び出すと [リンクをあなたのフォロワーに共有する] というウィンドウが表示され、ツイートを入力できます。

https://dev.twitter.com/docs/share-bookmarklet

Facebookの「Share on Facebook」

　[Share on Facebook] を登録すると、日本語環境では [Facebookでシェア] というブックマークレットになります。呼び出すと [このリンクをシェア] というウィンドウが表示され、投稿するウォールを選択してコメントを入力し、シェアできます。

https://www.facebook.com/share_options.php

Google+の「Share on Google Plus」（非公式）

　[Share on Google Plus] を登録し、呼び出すと、ページの中に投稿フォームが表示されます。コメントを書いて公開先を指定し、共有を実行できます。

http://www.labnol.org/internet/google-plus-one-bookmarklet/19474/

こんな結果が出る！

1 | ブログには書かなかったネタも、フォロワーや仲間と共有することで、新しい話題や出会いにつながる

2 | さまざまな記事を共有することでネタ選びや伝え方の練習になり、ブログのノウハウも得られる

59 複数のソーシャルメディアとつながる「zenback」を設置する

zenbackは、ブログをソーシャルメディアとつなげるブログパーツです。1つのタグだけで複数のサービスと連携できるのが特長です。

zenback
Six Apartが提供するブログパーツ
http://zenback.jp/

主要なソーシャルメディアとまとめて連携

ブログを「ホーム」として、ソーシャルメディアとの連携で活用するために、本章ではさまざまなツールを紹介してきました。しかし、すべてを設置するのは大変だと思った人もいるでしょう。

そのような人におすすめの、タグを1つ追加するだけで主要なソーシャルメディアとまとめて連携できてしまうブログパーツが、zenbackです。

Movable TypeのSix Apartが提供しているためか、ブロガーの気持ちになって開発されたと感じられるつくりになっています。「ツイート」「いいね！」「＋1」「はてなブックマーク」に加えて、mixiチェック(mixiの「いいね！」ボタンに相当)やEvernoteクリップ(Evernoteに取り込む)のボタンをまとめて設置できます。もちろんFacebookコメントも利用可能です。

zenbackを設置したところ。ネタフルではFacebook関連のボタンとコメント類の表示に利用しています

さらに、Twitterとはてなブックマークのコメント表示や、「関連記事」として、ブログの関連する記事を自動的に表示する機能もあります。また「zenbackクラシファイド」と呼ばれる広告と、「関連リンク」として記事に関連する他のブログの記事へのリンクが、強制的に表示されます。関連リンクは、他のブログに自分のブログの記事へのリンクが表示されることもあるので、アクセスを増やすチャンスにもなります。

実際の表示を見ながらカスタマイズしよう

このように多機能なzenbackですが、多機能なためか、表示されるまでに少し時間がかかる場合があります。また、便利だからとたくさん情報を表示すると、ページが長くなりすぎてしまうことがあります。表示内容はカスタマイズが可能なので、実際の表示を見ながら調整しましょう。デザインにこだわる場合には、ボタン類は自分で記事の上部に設置して、下部にzenbackでコメント類だけを表示する、といった使い方も考えられます。 コグレ

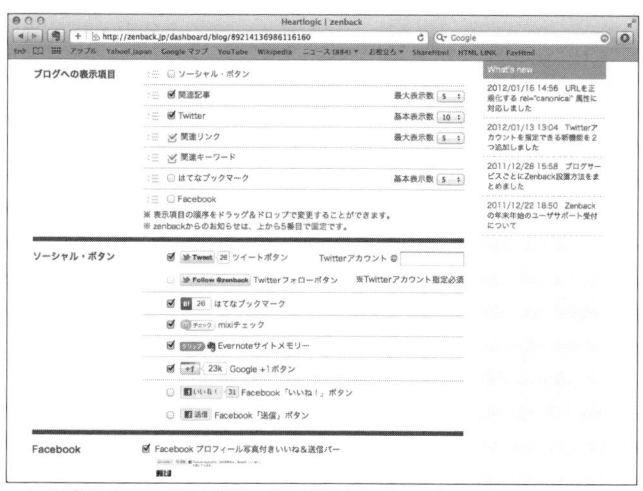

zenbackの管理画面では、表示する情報や表示の順番をカスタマイズできます

こんな結果が出る！

1 ソーシャルメディアとの連携、「もう1本」を読んでもらうための関連記事表示などをまとめて実現できる

2 関連リンクで新しいブログをみつけたり、他のブログの読者に自分のブログをみつけてもらったりできる

60 多機能なツールバー型ブログパーツ「Wibiya」を設置する

Wibiyaは主要なソーシャルメディアとの連携に加え、多彩な機能を持つブログパーツです。使いやすくなるようにカスタマイズしましょう。

Wibiya
Modular Patternsが提供するブログパーツ
http://wibiya.com/

foursquare
foursquareが提供する、位置情報を共有するサービス
http://foursquare.com/

読者のためのブログのツールバー

　Wibiyaは、テクニック59で紹介したzenbackと同様に、複数のソーシャルメディアと連携できるブログパーツです。しかし、見た目はツールバー状で、まったく異なります。ブログにアクセスすると常に画面下部に表示され、スクロールしても動きません。そして、さまざまな機能がツールバーのアイコンのように並びます。

　利用できる機能は、Wibiyaの「アプリ（Apps）」として、追加や入れ替えのカスタマイズができます。利用できるアプリには、同時にブログにアクセスしているユーザー数の表示（Real time Users）、翻訳（iTranslation）、最近の記事一覧の表示（Latest posts）、チャット（Social Chat）の他、Twitter、Facebookの連携アプリが最初からあり、Google+、YouTube、foursquareなどと連携するアプリも追加可能です。

Wibiyaを設置したところ。ブログの画面下部に常に表示され、さまざまな機能を利用できます

ぼくが便利だと感じたのは、お知らせ(Live Notifications V2.0)です。初めてアクセスしてくれた読者にだけメッセージを表示することや、イベントなどのお知らせを表示することができます。変わったところでは、ランダム記事表示(Random Post)や、ページトップ表示(Scroll To Top)のアプリもあります。

ブログパーツが使いやすいか確認しよう

ブログパーツは本書でもたくさん紹介していますが、多すぎるとデザインがごちゃごちゃしてしまったり、表示速度が低下してしまったりするので、実際にはある程度数を絞って利用することになります。そう考えると、Wibiyaのような多機能でコンパクトなブログパーツは、有効な選択肢となります。

気になるのは、読者にきちんと使ってもらえるかどうかです。Wibiyaでは管理画面の[Dashboard] - [Analytics]で各アプリの利用状況が確認できるので、参考にしましょう。 コグレ

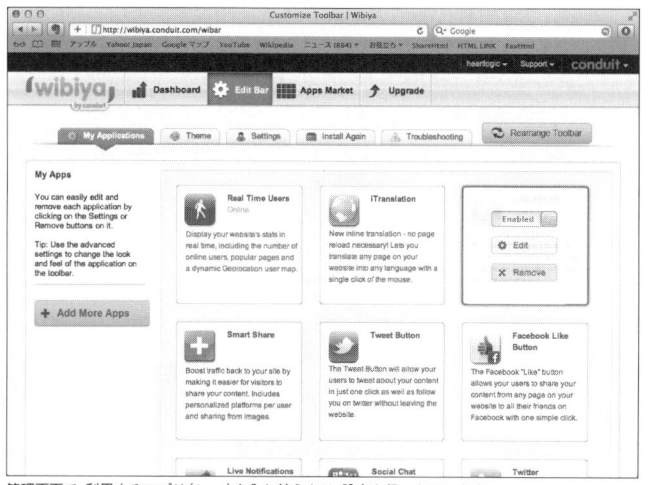

管理画面で、利用するアプリ(Apps)を入れ替えたり、設定を行ったりします

こんな結果が出る！

1 | ソーシャルメディアとの連携機能や、さまざま便利機能を持つツールバーを利用できる

2 | 使われ方を見ながら柔軟にカスタマイズでき、みんなによろこばれるツールバーにしていくことができる

61 ローソン「シェアして♪ガジェット」で記事を共有しやすくする

主要な3サービスに対応したコンパクトなブログパーツが「シェアして♪ガジェット」です。ブログのアクセントとしても効果的です。

ローソンガジェット

ローソンが提供するブログパーツ

http://www.lawson.co.jp/campaign/static/gadget/

┃いつでも表示されるボタンで、共有を促進する

　読者にソーシャルメディアで記事を共有してもらうための方法は、いろいろと考えられます。ここまででは各サービスのボタンを設置する、自分が率先して共有する、といった方法を紹介してきましたが、ローソンの「シェアして♪ガジェット」は、コンパクトなボタンを常に画面に表示しておいて、いつでも簡単に共有してもらえるようにする、というアプローチのブログパーツです。

　Twitter、Facebook、はてなブックマークの主要な3サービスに対応していて、画面左側に表示され、スクロールしても動くことがありません。ページ中に設置するボタンのように、記事の上がいいか下がいいかと迷う必要がなくなります。

　また、設置方法が「色を選んでタグをテンプレートに挿入するだけ」と非常に簡単なのも特長です。色はピンクやオレンジなどビビッ

❶シェアして♪ガジェットを設置したところ。左側に常に表示され、いつでも共有ができます

ドな色を含む6色から選ぶことができ、ブログのアクセントとしてもいいでしょう。目立つ位置に目立つ色のボタンがあれば、記事を共有してもらいやすくなることが期待できます。

║「まとめて♪ガジェット」も役立つ

ところで「シェアして♪ガジェット」提供元のローソンとは、コンビニエンスストアのローソンです。ガジェットの4番目の[L]ボタンをクリックすると、ローソンのローソンガジェット配布ページにリンクします。

「なぜコンビニがブログパーツを?」とおどろくかもしれませんが、ローソンはソーシャルメディアに力を入れていて、その一環として提供されている3種類のブログパーツの1つが、これなのです。他のガジェット2種類のうち「まとめて♪ガジェット」はTwitterやFacebookなどのアカウント情報をまとめることができ、こちらもブログとソーシャルメディアとの連携に役立ちます。 コグレ

ローソンガジェット配布ページ。他にソーシャルメディアの情報をまとめる「まとめて♪ガジェット」、ローソンの商品情報が表示される「ハラペコ♪ガジェット」も提供されています

こんな結果が出る!

1 | 3サービスへの共有ボタンが常に表示されることで、読者に記事を共有してもらう機会を増やせる

2 | コンパクトで邪魔にならず、カラーバリエーションが豊富なので、ブログデザインのアクセントにもなる

62 みんながソーシャルメディアにアクセスする時間帯を狙う

多くの人がアクセスしているときに新着記事をお知らせすれば、読まれやすくなります。みんながアクセスする時間帯を狙ってみましょう。

xefer Twitter Charts
xeferが提供するツイート分析サービス

http://www.xefer.com/twitter/

LaterBro
SolidFluxが提供する、TwitterとFacebookに対応した予約投稿サービス

http://laterbro.com/

∥みんなに読んでもらえる時間を意識しよう

ソーシャルメディアを活用するには、タイミングを考えることも大切です。みんな毎日の生活のリズムの中で、ある程度決まった時間帯にソーシャルメディアを利用しています。それを意識して、多くの人がアクセスする時間帯を狙って更新したり、新着記事をお知らせしたりすれば、多くの人に読んでもらえるようになります。また、その時間帯にソーシャルメディアをよく見ることで、記事への反応をすばやくみつけられます。

では、多くの人がアクセスしている時間帯とはいつでしょうか？一般的には、平日の12時台と、22〜24時ごろがピークとなり、土日はややアクセスが減る傾向があります。自分のブログのアクセスが多い時間帯は、アクセス解析で調べてみましょう。

また、ツイート分析サービス「xefer Twitter Charts」を利用すると、特定のユーザーが何曜日の何時によくツイートしているかを調べる

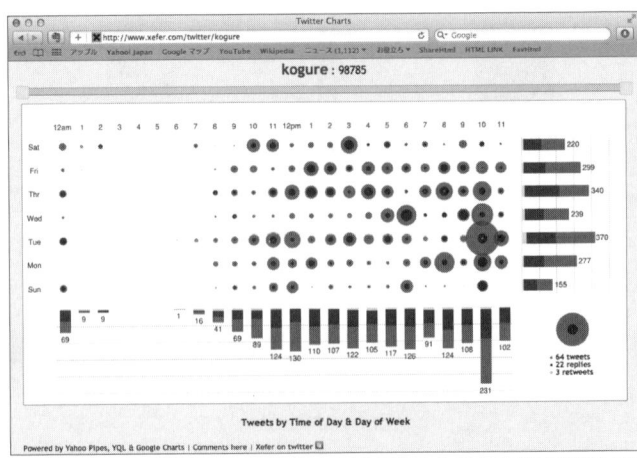

xefer Twitter Chartsに任意のTwitterのアカウント名を入力すると、何曜日の何時によく活動しているかを分析できます

ことができます。Twitterに気になる人がいたら、このデータを参考にしてみてもいいでしょう。

予約投稿サービスも利用できる

多くの人がアクセスしている、狙うべき時間帯がわかったら、それに合わせた書き方や、お知らせの方法を考えます。テクニック1でも時間を決めることについて触れましたが、読者の都合を意識して、さらに調整してみましょう。

ネタフルの場合は、12〜16時ごろと、22時〜24時ごろがアクセスの多い時間帯です。そのため、午前中にある程度記事を書いておき、ランチタイムに読んでもらうことを意識して更新しています。そして、夜の人が集まる22時に、あらためてツイートでお知らせをするようにしています。

ぼくはブログが本業なので、このように1日をフルに使うこともできます。そこまで自由に時間を使えないという人は、まずソーシャルメディアで記事を知らせる時間に気をつけてみましょう。仕事の都合などでアクセスの多い時間にツイートするのが難しい場合は、「LaterBro」のような時刻を指定した予約投稿ができるサービスを利用するのもいい方法です。 コグレ

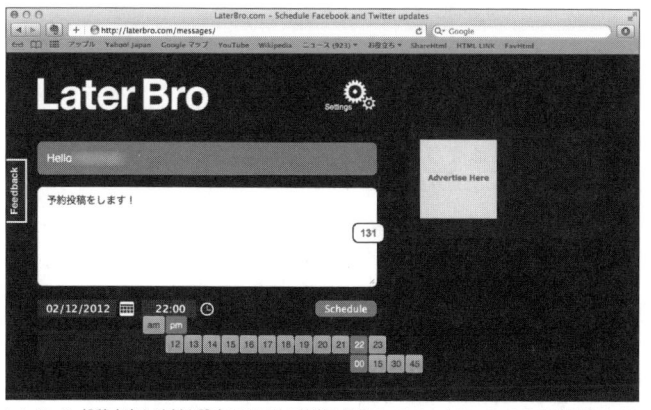

LaterBroは、投稿内容と時刻を設定するだけの簡単な操作で、TwitterとFacebookの予約投稿ができるサービスです

こんな結果が出る！

1 | 多くの人がアクセスしている時間帯に更新やお知らせをすることで、ページビューを増やすことができる

2 | 決まった時刻に新着記事のお知らせをしていると、その時間帯にアクセスする人に覚えてもらいやすくなる

63 記事への反応に対して返事を送り、コミュニケーションする

記事への反応をもらってうれしいと思ったら、自分からも反応を返しましょう。返事を送れば、仲よくなれるチャンスが増えます。

‖積極的に返事を送って仲よくなろう

メールやコメントで直接記事への感想をもらったときや、エゴサーチで記事への反応をみつけたときには、どうしていますか？ できるだけ返事を送って、コミュニケーションを続けることを心がけましょう。それによって相手の印象に強く残れば、また次の記事を読んでもらえることでしょう。また、仲よくなるための第一歩にもなります。

直接送られたものではない、エゴサーチでみつけた反応に返事をすると、返事があったことにおどろかれる場合があります。でも、それによって前向きなやりとりができれば、よろこんでもらえることが多いものです。遠慮せずに返事をしてみましょう。

‖コミュニケーションは時の運の要素も

TwitterやFacebookなどソーシャルメディア上でのやりとりは、メールと比べれば簡単で、気軽に行えます。そのかわり、ちょっと確実性に難がある場合があります。例えば、せっかく送った返事のツイートがタイムラインに埋もれてしまい相手に気づかれなかったり、発言が短いために、うまく意図が伝わらなかったりする、といった場合です。

また、こちらが返事を送って、さらに返事がもらえるかな……と期待していると、何もない場合もあります。でも、そういうものだと思って、気にしないでください。

そのぶん気軽に利用できるので、縁のある人とは、また次のチャンスがあるはずです。気になる人の発言をいつもチェックするなどして、新しいチャンスを伺いましょう。

‖短くていいので、やりとりをすることが大切

「感想」というと、何かしら記事を読んで感じたことが書かれてい

るというイメージを持ちますが、例えばTwitterでツイートされる感想は、ただ「読んだ」だけの場合もあります。

それに対して返事を送るときは、ただ「ありがとう」のようなひとことだけでいいのです。感想というよりは、あいさつのようなものだと考えればいいでしょう。読んでくれた人はTwitterで「この記事に関心を持った」と表明してくれたので、書き手としても「ありがとう」と、それを受け止めたことを表明するわけです。

これだけのやりとりでも、縁があれば少しずつ距離が近づき、もっと話をするチャンスもできるはずです。大切なのは、あいさつのように何回も言葉を交わすことです。 するぷ

Column

‖ 思わぬ人が読んでくれることもある

エゴサーチをしていると、思わぬ人に言及されているのを発見することもあります。3年ほど前に、iPhoneを無線LANに接続方法する方法を書いた記事を、ホリエモンこと堀江貴文さんがブログで「これみてやっとわかったよ」と紹介してくださったことがありました。ファンだったこともあり、うれしくてしばらくニヤニヤしていたことを思い出します。しかし、このときは恐れ多くて返事はできませんでした。

また最近「反応が悪くなったiPhoneのホームボタンの効きを一気に改善する方法」という記事を書いたら、TwitterでレゲエミュージシャンのRYO the SKYWALKERさん(@RYOtheSKYWALKER)が「今までもいくつかあったけどマジで決定版です」と紹介してくださいました。このときの反応はすさまじいものがあり(RYO the SKYWALKERさんのフォロワーは2012年2月時点で約29万人です)、おかげさまで、この記事がツイートされた数は3万を超えています。RYO the SKYWALKERさんとは、Twitter上で少しやりとりをさせていただきました。めったにあることではありませんが、ブログを書いていてよかったなぁと、心から思えるできごとです。

堀江貴文さん「六本木で働いていた社長のアメブロ」の当該記事
http://ameblo.jp/takapon-jp/entry-10307834992.html

こんな結果が出る！

1 | 反応に対してできるだけ返事をすることで、コミュニケーションの機会を増やすことができる

2 | 直接コメントを送ってこない人に積極的に返事をすることで、お互いの距離を縮めるチャンスにできる

64 ソーシャルメディアのスマートフォンアプリで反応をチェックする

記事の公開後は、外出中でも反応が気になるものです。スマートフォンにアプリをインストールして、いつでもチェックできるようにしましょう。

‖ 反応が早いTwitterとFacebookをチェックしよう

とかくブロガーは記事の反応が気になるもので、記事の公開直後に外出するときなどは、みんなの役に立てたかな？　誤字・脱字はなかったかな？　などと気になってしかたがありません。

そこで、スマートフォンからソーシャルメディアでの反応をチェックできるように、アプリをインストールしておきましょう。特にチェックしたいのは、TwitterとFacebookです。どちらもiPhone、Androidそれぞれの公式アプリが無料で提供されています。

Twitterのアプリでは、「つながり」の自分あてのツイートと、エゴサーチの結果（テクニック45参照）をチェックします。うれしい反応も、致命的なミスの指摘も、Twitterでもっとも早くもらうことが多いためです。

TwitterのiPhoneアプリでエゴサーチ。公式アプリでは検索メモ機能（テクニック45参照）によって、簡単な操作で検索が可能です

Facebookのアプリでは、Facebookページをチェックします。特に、記事を公開した直後の「いいね！」の数が気になるところです。「いいね！」が多ければいい記事が書けたな、と思い、少なかったら、パンチが効いていなかったかな……などと反省材料にします。もちろん、コメントがもらえることもあります。

すぐに対応できるようにしておくことが大切

　それほど神経質に反応をチェックする必要はありませんが、何かがあったときに、すぐ対応できることは大切です。

　テクニック36ではChartBeatのiPhoneアプリでサーバートラブルなどの通知を受け取ることを紹介しましたが、同様にソーシャルメディアからの反応にも対応できるようにしておけば、なにかと心強いものです。

　うれしいコメントをもらえたときには、すぐに返事ができると、相手によろこんでもらえるでしょう。また、ミスがあったときにもすばやく把握して、対応ができたほうがいいです。 するぷ

FacebookのiPhoneアプリではFacebookページをチェックして、リアルタイムの反応を確認します

こんな結果が出る！

1 | ブログの記事への反応をいつでもチェックできるようになり、安心できる

2 | 記事の内容の問題や誤字・脱字があった場合に、すばやく把握して、対応が可能になる

65 コメントに対応しすぎて疲れてしまうことを防ぐ

記事に対して反応が多すぎると、ブロガーが疲弊してしまうこともあります。そのような場合に自分を守る方法を知っておきましょう。

「気持ち」だけでは対応しきれないこともある

テクニック63とやや矛盾しますが、記事への反応が多すぎると、うれしさを通り越して重荷になってしまう場合があります。

ブログを始めたばかりのころは反応をもらえるのがうれしくて、すべてに返事を書いていたのに、少しずつコメントが増えてきたため、返事を書くことが大変で記事が書けない……と苦しんでしまうような場合です。

まじめな人は、途中ですべてのコメントに返事を書くことはやめていくような「手を抜く」ことがなかなかできません。本当は誰しも1対1で多くの人とコミュニケーションしたいものですが、時間や体力の限界もあり、どこかでうまく「手を抜く」ことを考えたほうがいい場合もあります。

ソーシャルメディアとの連携で雰囲気を変える

昨今のソーシャルメディアは、「フォロー」という一方通行の関係によって、1対1の対等なコミュニケーションを必須としないシステムになっているものが主流です。TwitterもGoogle＋も、ユーザー間の関係は「フォロー」が基本となります。Facebookでも「フィード」を読むだけという一方的な関係を作ることができます。

コメントの対応が大変になったときは、ソーシャルメディアと連携したリニューアルで、雰囲気を変えることも1つの手です。例えばFacebookコメント（テクニック53参照）を導入すれば、コメントに対して「いいね！」で返せます。Twitterでの反応に対しては、複数のアカウント名を指定して「@kogure @isloop 読んでくれてありがとう！」のようにまとめて返信することもスマートにできます。

要は、手法を「簡易化」することです。もっとも大事な「ブログを書き続ける」ことを優先して、コミュニケーションは少し簡易化させてもらい、できる範囲で続けることを考えます。

「よくある質問集」で質問にまとめて答える

ブログのテーマによっては、よく同様の質問がされたり、多くの前提知識を共有しておくことが必要だったりする場合があります。ぼくはアプリを提供しているので、使い方に関する質問への対応に苦労することがあります。

そこで、ブログに「するぷろ for iPhoneのよくある質問集」を作り、同様の質問に対してはそちらを見てもらうようにしました。質問に対応する手間を大幅に減らすことができ、また質問をする人も早く回答が得られるので、よろこばれています。

よくある質問集を作るために質問を見直すことは、それまで説明不足だった点をみつけることにもなり、書き方を反省するいい機会となります。同じような質問や、誤読をされることが多い人は、よくある質問集を作ってみると、その原因になる部分を発見できるかもしれません。 するぷ

「するぷろ for iPhone」のよくある質問集のページ。よく質問をいただく内容について、まとめて答えています

こんな結果が出る！

1 | コミュニケーションが重荷になったときは「ブログを書き続ける」ことを優先して簡易化することで、楽になれる

2 | 同じ質問や誤解が続くときはよくある質問集を作ってみることで、原因をみつけて解決できる可能性がある

66 個人的でささいなことを、ソーシャルメディアで共有する

ブログには書かない、日常や趣味について、ソーシャルメディアに少し書いてみましょう。そこから新しい発見ができるかもしれません。

ささいなことからコミュニケーションが広がる

日常生活でいつもやっているけれど、ブログには書いていない、ということがあると思います。例えば、毎日の食事や、見ているテレビ番組のようなささいなことを、いちいちブログに書くという人は少ないでしょう。

しかし、どのようなものを食べたとか、どのような番組を見たとか、実は料理を作るのが好きだというような、本人にとってはささいに思えるところに、周囲から見れば愛すべき人間性がにじみ出てくるものです。

プライバシーや、仕事上の守秘義務などの問題がない範囲で、少しずつ、日常の個人的でささいなことをソーシャルメディアに書いて共有してみましょう。リアルタイムにちょっとしたことを書けるソーシャルメディアは、ブログに書かないような小さなネタの共有に適しています。

そして、ふだんブログでは書かない自分の一面を知ってもらうことから、誰かと知り合う機会を得たり、一気に仲がよくなったり、新しいネタが生まれたりするものです。

「懇親会」の気持ちで使ってみよう

例えば、起業やセルフブランディグを目的としてブログを書いている人は、ブログに自分のビジネスパーソンとしての面だけを出すことになりがちです。

純粋に有用な情報がほしくてブログを読んでいる読者に対しては、そのような姿勢を続けたほうがいいでしょう。一方で、ソーシャルメディアで親しく付き合う人たちに対しては、個人的な話や趣味の話を少しずつしてみることで、新しいコミュニケーションのチャンネルが開けることもあります。ブログが「講演会」だとしたら、ソーシャルメディアは「懇親会」のような気持ちで、個人的な話題も選んでみましょう。

趣味のブログの隙間を埋める

　和洋風◎は基本的には趣味的なネタばかりなので、講演会と懇親会のような使い分けを考えることはありません。そのかわり、好きなことについて、ブログのネタにならないような思いつきや、ひとりごとを、ソーシャルメディアに書くことがあります。

　テクニック38でも「何度も書くことが大事」と述べましたが、水樹奈々さんについてブログに書くネタがない日もTwitterで水樹さんについてツイートし、もちろんMacやiPhoneについても日夜ツイートしています。

　すると、和洋風◎を読んだことはなくてもぼくのツイートをみつけて興味を持ってくれる人がいて、交流が広がっていくことが実感できます。大事なログはブログに書くのは当然として、ちょっとしたことをソーシャルメディアに書いてみることも、意識していきましょう。　するぷ

Column

試してみたい、手頃な「個人的な話題」

　個人的な話題、ささいな話題として手頃なものには、食事やテレビ番組のほか、音楽や本（マンガも含め）、ペットや家族（特に小さいお子さん）、問題がない範囲での「どこにいるか」の話題などが考えられます。中でも、やはり「かわいいもの」と「おいしいもの」の話題はみんなが食いつきやすいキラーコンテンツです。いつも仕事など硬い話題の多い人が、かわいらしいペットやおいしそうな料理の写真つきでツイートしたら、意外性もあって話が盛り上がるものです。iPhoneユーザーならば、TwitterやFacebookと連携して写真を公開できる「Instagram」や「miil（こちらは食事の写真専門）」のようなアプリを試してみるのもいいでしょう。

Instagram（iPhoneアプリを無料提供）
http://instagr.am/

miil（iPhoneアプリを無料提供。Androidアプリを開発中）
http://miil.me/

こんな結果が出る！

1. 自分のさまざまな面を知ってもらうことで、ソーシャルメディアでのコミュニケーションを豊かにできる
2. 趣味の話題で知り合った人と本業で関わるなど、意外なつながりを持つチャンスが増える

67 気になるブロガーと思い切って実際に会う

気になるブロガーと、少人数で会う機会を作ってみましょう。思い切って連絡すれば、意外と興味を持ってもらえるものです。

┃本当に気になる人とは少人数で会おう

本章のテーマである「仲間」の条件とは何でしょうか？ 人によって異なるとは思いますが、実際に会って話すことで一気に親密になり、「仲間だ！」という感覚が強まることは間違いないでしょう。本当に気になるブロガーとは、Web上でやりとりするだけでは物足りなくて、実際に会いたくなるものです。

会う機会としてはオフ会などのイベントもありますが、人数が多い場では、特定の人とじっくり話すのは難しくなります。思い切って連絡を取り、少人数で会ってじっくり話してみることができたら最高です。

そのとき、いきなりメールを送るのも悪くはありませんが、せっかくソーシャルメディアがあるので、ちょっとしたネタをみつけてやりとりをしたり、ブログの感想を送ったりしてみましょう。それによって、先方に自分を知ってもらい、好意があることをわかってもらう、という手順を踏んでおくとお互いに安心です。その上で、いいタイミングを計って誘ってみましょう。

┃会って話すことから、新しいことが始まる

ぼくがするぷさんと知り合ったのも、Twitterなどでやりとりをしていたことが始まりでした。2010年7月にぼくが福井でセミナーをしたとき、当時福井に住んでいた彼が、懇親会の会場にサンダル履きで駆けつけてくれたのが、初対面です。お互いに離れていたので「福井に行く」ことが、いいタイミングになったわけです。

そこでiPhoneやブログや、当時開発していたブログエディター（するぷろ）の話をしたのですが、やはり数十人が参加する懇親会だったので、じっくり話すというまではできませんでした。

その後、彼が上京したと聞き、2011年の1月に新年会と称してぼくの地元である浦和に集まりました。このときのメンバーには、する

ぷさんと同年代の北真也さん、またよしれいさんもいたのですが、ここで10歳以上若いブロガーたちと話したことが刺激になり、本書の企画にもつながっています。

　ブログやソーシャルメディアを通じて誘っていただいたり、自分から誘ったり、といった経験を何度となくしていますが、そんなぼくの経験を踏まえて言えるのは、「声をかけてもらえることはいつでもうれしい」ということと、「思い切って声をかければ、断られてしまうことは意外とない」ということです（スケジュールが合わないということは、ままありますが）。

　「思い切って声をかける」前にきちんとコミュニケーションを取っておくことも大事ですが、最後は思い切りが大事です。ぼくたちが思い切っていなかったら、この本も存在しなかったかもしれません。 コグレ

北真也氏

ブログ「Hacks for Creative Life!」管理人。著書に「新時代のワークスタイル クラウド『超』活用術」（シーアンドアール研究所）など

http://hacks.beck1240.com/

またよしれい氏

ブログ「Last Day.jp」管理人。著書「C言語すら知らなかった私がたった2か月でiPhoneアプリをリリースするためにやったこと」（秀和システム）

http://www.lastday.jp/

Column

気になるブロガーの動向を追いかけよう

　ブロガーが利用している各種サービスをチェックしてみると、相手の動向をかなり詳細に把握できます。ブログを読みTwitterをフォローするのはもちろん、ブログのプロフィールやTwitterのログから、他にどのようなサービスを利用しているかを調べてみましょう。YouTubeやFlickrなどのアカウントもあるかもしれません。またfoursquareなどの位置情報サービスを利用していたら、フォローすることで足取りを詳しく把握できるようになります。

　ストーカーになろうというわけではありませんが、気になる相手との接点を探すために、いろいろなサービスで公開されている情報をチェックしてみましょう。偶然近くにいることに気づくかもしれませんし、写真や動画が共通の話題になることもあります。また、オフ会や勉強会に参加するという情報をつかんだら、自分も参加することを検討してみるといいでしょう。ぼくとするぷさんの場合のように、最初は大人数が集まる会であいさつをして、あらためて少人数で会う、という形にできます。

こんな結果が出る！

1. 少人数で会ってじっくりと話すことで、気になるブロガーと一気に仲よくなれる
2. 仲のいいブロガーが増えると、Webを通じて新しい企画やおもしろい議論ができるようになる

68 ブロガー仲間と楽しいコラボレーション企画をする

ブロガー仲間ができたら、一緒に何かを企画してみましょう。1人で書くブログとは違う、新しい楽しみをみつけられるはずです。

ウジトモコ氏
株式会社ウジパブリシティー代表。アートディレクター。著書に「デザインセンスを身につける」(ソフトバンクパブリッシング)、ブログデザイン勉強会を書籍化した「視覚マーケティング実践講座」(インプレスジャパン)など
http://uji-publicity.com/

ホシナカズキ氏
ブログ「mbdb」管理人。フリーランスのモバイルウェブディレクター。著書に「Facebookページプロフェッショナルガイド」(共著:毎日コミュニケーションズ)など
http://mbdb.jp/

1人ではできない企画をやってみよう

　仲間と呼べる親しいブロガーができたら、何かコラボレーション企画をしてみましょう。お互いにページビューが増えるような実利を狙うのもいいですが、まず大事なのは、コラボレーション相手や読者と一緒に「楽しむ」ことです。ブログは通常1人で書くものですが、1人ではできないことを、みんなでやってみましょう。

　簡単なところでは、お互いのブログに寄稿することが考えられます。ネタフルでは、ぼくが体調を崩してしまったときに、ブロガー仲間にお願いしたことがあります。そのときは何も注文しないで好きに書いてもらいましたが、テーマを決めたり、定期的な企画にしたりしてもいいでしょう。相手のブログの読者に自分の記事を読んでもらうことで、新しい読者を意識できたりして、いつもとは違う刺激が得られます。

コラボから大きな目標に近づくことができる

　共催でのオフ会や、お互いの得意分野を活かした勉強会など、リアルの(ネット上ではない)イベントも考えられます。1人でイベントを企画して運営するのは大変ですが、何人かで企画して、ブログやソーシャルメディアで告知してしまうと「後に引けなくなる」という効果もあり、実現できてしまうものです。

　個人的に思い出深いイベントは、2009年にデザイナーのウジトモコさんと合同で開催した初めての勉強会「ブログデザイン勉強会」です。デザインに関してはまったくの素人で、勉強会の開催も初めてだったので、実はとても不安な企画でした。しかし、意欲のある人が集まり、みんなで真剣に向き合ったことで、勉強会をやりとげることができました。参加メンバーとの交流はずっと続いていて、2012年2月現在のネタフルのデザインは、この勉強会で親しくなったホシナカズキさんにお願いしています。

ネットもリアルも股にかけた企画としては、ブログによるクチコミマーケティングが話題になりだした2006年に、ブロガー仲間数人と企業のクチコミマーケティングを行う「ONEDARI BOYS」というユニットを結成しました。ONEDARI BOYSは、飲食店でイベントを開催したり、企業の商品をモニターしたり、プレゼント企画を実施したりとさまざまな活動を行っています。その知見をもとに、メンバーのいしたにまさきさんと本も書きました。

ブログを書いてセミナーの講師をしたい、本を書きたい、といった目標を持っている人も、このようなコラボレーション企画を経験することから、確実に目標に近づいていけるはずです。

ブログを通じて知り合った仲間と独立・起業したり、転職したりと、すでにコラボレーション企画の域を越えた活躍をしている人も多数います。「好きなことをブログに書き続ける」ということから、そうした自己実現までが確実につながっていることは、ブログの10年近い歴史の中で証明されているのです。 コグレ

いしたにまさき氏

ブログ「みたいもん!」管理人。内閣広報室IT広報アドバイザー。コグレ氏との共著に「クチコミの技術」(日経BP社)、「マキコミの技術」(インプレスジャパン)など

http://mitaimon.cocolog-nifty.com/

ONEDARI BOYS

「クチコミマーケティングのパイオニア」として活動するブロガーユニット。2007年に 第5回Webクリエーション・アウォード「Web人ユニット賞」受賞

http://www.onedari.org/

ONEDARI BOYSは、数多くのクチコミマーケティングで活躍。日経新聞の1面に掲載されたこともあります

こんな結果が出る!

1. 仲間と共同で企画を実行することで、さまざまな経験を積むことができる。同時に注目度が高まる
2. 勉強会などリアルの企画から、自己実現の目標につなげていくこともできる

69 献本やレビュー依頼などは本当に興味のあるものだけを受ける

ブロガーのもとには、献本やレビューの依頼が舞い込むこともあります。ありがたいことですが、何でも受けてしまうのは、よくありません。

> **ステルスマーケティング**
> 宣伝と気づかれないように宣伝をする行為。第三者のレビューが掲載されるはずのクチコミサービスに、第三者をよそおった関係者が好意的なクチコミを書いて掲載される、といった行為を指す。しかし、「Webのうさん臭いクチコミやレビュー」と拡大解釈される場合もある

∥興味のないネタの記事は気づかれてしまう

ブログの知名度が上がってきたり、ブロガー仲間が増えたりすると、献本の申し出や、商品のレビュー依頼などをいただくことがあります。うれしいことですが、何でも受けてしまうと、あとで自分の首を絞めてしまうことになりかねません。

依頼してもらったことがうれしくて、断りきれなくて、といった理由で、あまり興味がないもののレビュー依頼などを受けてしまうと、たいてい当初は予想していなかったような苦労をする結果になります。

ブログで大事なのは「楽しんで書く」ことだとこれまでに何度も述べてきましたが、興味のないものについては、なかなか楽しんで書くことができません。そして、何とか書き上げられたとしても、他の楽しんで書いた記事とは、文章に違いが出てしまいます。

無理して書いた文章は、いつもブログを読んでいる読者からすると、すぐにわかってしまうものです。そのような記事が増えたら、読者は離れていってしまうでしょう。ブログはあくまでも自分の心に正直にいきたいものです。だからといって、せっかくの依頼をお断りするのも心苦しいものですが、クチコミマーケティングに理解のある相手ならば、わかってもらえると思います。

献本のときに「ブログに書いていただかなくてもかまいません」と言っていただくこともあります。そのように言っていただけるとプレッシャーは軽くなるのですが、ぼくはそもそも本を読むのが遅いので、読めずに積んだままになってしまうのも心苦しく、遠慮させていただく場合も少なくありません。

∥「ステマ」にならないように注意しよう

2012年に入って、ネットのクチコミを悪用する「ステルスマーケティング（ステマ）」という言葉が、テレビにも取り上げられるほどの話題になりました。

ブロガーとしても、この言葉が喚起する「ネットの情報は信用ならないぞ」というイメージには、気をつけておきたいところです。商品の提供を受けていることを明記せずにレビュー記事を書いてしまったりすると、意図したことではないとしても、ステルスマーケティングだとの批判は避けられません。

　献本された本の紹介には献本であることを明記する、誰かから商品の提供を受けてのレビューであれば、その旨を明記することを忘れずに、読者から信頼を得ることを常に意識しましょう。

　あくまでも、ブログは自分の好きなこと、興味のあることを書く場です。そのうえで、後ろめたいことはしていませんと、いつもはっきりさせておきたいと考えています。　コグレ

Column

‖「Fans:Fans」でレビューやイベントに参加できる

　ブログで製品のレビューを書いてみたい、ブロガー向けのイベントに参加してみたい、という人は、Fans:Fansに参加してみましょう。ぼくもパートナーとして参加している、ブログを中心としたクチコミ（ソーシャルメディア）マーケティングを行う会社「アジャイルメディア・ネットワーク」が提供しているサービスです。

　Fans:Fansは、自分の好きなアイテム（ガジェット、本、CD、ゲーム、食品など）や気になるアイテムに「ファン」として登録し、それについて語り合うサービスです。気になるユーザーをフォローしたり、ファンになっているアイテムを紹介するブログパーツを設置したり、といったこともできます。

　また、イベントやキャンペーンを盛んに開催しています。企業との共同で実施する新製品のブロガー向けレビューキャンペーンや、ブロガー向けの体験イベントに申し込めば、おもしろい経験ができるでしょう。イベントは首都圏のものが多くなりますが、企業の人と顔を合わせて、クチコミマーケティングの現場に参加できる機会となります。

Fans:Fans
http://fansfans.jp/

こんな結果が出る！

1. 興味のないものははっきりと断ることで、義理やお金のために書くストレスを避けることができる
2. 読者からの信頼を損なうリスクがなくなり、安定したブログの運営を続けられるようになる

70 苦手な相手とは距離を取りストレスを避ける

ソーシャルメディアにはたくさんの人がいますが、すべての人と仲間になれるとは限りません。適切な距離を取ることが大切な場面もあります。

ときには意識的に「距離を取る」ことも必要

ここまで本章では、ソーシャルメディアを通じて多くの人とコミュニケーションし、仲間になることについて解説してきました。しかし、出会う人の中には、どうも自分とは合わないな、苦手だな、と感じる人もいるはずです。

それは、人間どうしでは自然なことだと思います。エゴサーチをしていると「ネタフルが気に入らない」といったコメントをしている人をみつけることもあります。無用なストレスや争いごとを避けるためにも、そのような人に近づくことはせず、意識的に距離を取る（具体的にはブログのフィードを読まない、Twitterでフォローしない、など）のがいいと思います。

ブログが流行する前、掲示板サイトなどに人が集まり、サークルのような人間関係が形成されていた時代には、メンバーの中に仲のよくない人たちがいると、どうも全員がギクシャクしてしまう……とうこともありました。

しかし、ブログやソーシャルメディアでは、基本的に個人対個人の付き合いになります。苦手な人とは距離を取りながら他のみんなとコミュニケーションすることも、やりやすくなっています。

「狭く深く」の付き合いを意識してみよう

自分はそもそも人付き合いが苦手で……という人もいるでしょう。実はぼくも、それほど人付き合いが得意なタイプではありません。イベントなどにお誘いいただく機会は多いほうだと思いますが、ブログの執筆や、家族との時間を持つことを優先して、お断りさせていただくこともあります。

しかし、ブログやソーシャルメディアを利用していながら、人付き合いに消極的なのは、もったいないことでもあります。昨今のソーシャルメディアでは「広く浅く」の付き合いが促進されがちで

すが、どうしても気になってしかたがない人とだけ「狭く深く」付き合うことを意識したら、苦手意識を振り払えるかもしれません。

テクニック67で解説した「思い切って声をかける」も、そういうことです。ぼくは、人付き合いが得意ではありませんが、ぼくに興味や好意を持って声をかけていただけることはうれしくて、そうした場合には、積極的にお会いするようにしています。

身もふたもない話ですが、「ページビューの多いブログを書いている人」だから声をかけてくれたのだな、というニュアンスが感じられるお誘いならば、ぼく以上に適切な人がいると思います。しかし、ぼく自身に興味を持ってくれた人からのお誘いは、とても断る気になれません。

コミュニケーションも、ブログのネタと同じく「興味のある相手」から始めてみようと考えることで、取り組みやすくなることがあるはずです。 コグレ

Column

ブームになる前の「熱いネタ」に飛び込んでみよう

ぼくが親しくしてもらっているブロガー仲間の多くは、ブログがブームになり始めた2004年ごろに参加した、いくつかのオフ会で知り合った人たちです。当時は国内でいくつかのブログサービスが立ち上がり、眞鍋かをりさんなどの有名人ブログが始まって話題になったころでした。そのようなタイミングのオフ会に参加する人たちはみんな熱量が高く、ブログの持つ可能性について、いつまでも話し合ったものです。

「オフ会に参加するならば第1回がいい」と、よく言われます。何かのテーマに興味のある人たちが最初に集まる場は、仲間を得る絶好の機会になるためです。どのようなテーマでも、ブームになる前から注目している人たちは強烈なエネルギーを持っていて、まだ仲間が少ないこともあって、集まれば強い一体感が生まれるものです。TwitterやiPhoneがブームになり始めたころのイベントも、そのような熱気があったように感じます。興味をひかれたネタがあったら、そこに飛び込んで、みんなと一緒に盛り上げてみましょう。

こんな結果が出る！

1. 苦手な相手とは距離を取ることで、無用なストレスを避け、周囲との円滑な関係を続けられる
2. 人付き合いが苦手でも、特に気になる相手に集中することで、取り組みやすくなる可能性がある

Column

‖「書き続けて食べていく」ことを夢見て

ネタフルを運営するうえで、ぼくが大事にしていることは、ただ「書き続ける」ということです。ぼくは湯水のようにアイデアがわいてくるクリエイタータイプではありませんし、人付き合いは苦手だと思っているので、交渉ごとを中心とする仕事にも向かないと思います。ましてや、仲間を引っ張って起業するような人間でもありません。ひとりで静かに作業をしているときが、いちばん幸せです。

そのように考えていたので、1997年にメールマガジンを知ったときは、「もし、これで食べていくことができたら、なんて素敵なことだろう」と思ったものでした。これが、今のぼくの原点です。本書で言っている「プロ・ブロガー」というもののイメージは、人によって少しずつ違うかもしれません。ぼくとするぷさんがイメージしているのは、ブログを書くことを仕事として、ブログから得られる(アフィリエイトの)収入によって生活している人、というシンプルなものです。

「書く」という言葉から思い浮かぶイメージもさまざまですが、ぼくは作家のように「書く」ことで世界を創造したりはできません。ジャーナリストのように、社会問題に鋭く斬り込んだりもしません。そのかわり、ちょっとした発見や、あまり気づかれない楽しいことや、おいしいもの、興味を引かれる不思議なものなど、日常生活をちょっと拡張する情報を、たくさん伝えるために書きたいと考えています。

‖ Google AdSenseの登場で世の中のルールが変わった

1997年にメールマガジンを開始し、2003年からはブログに軸足を移して、今日に至るまで、ずっと「書き続ける」ということをやっています。

慎重すぎて、あまり派手な活動とは縁がなく「石橋を叩きすぎて割るような性格」だと言われたこともありました。それでも、ネットは蓄積が生きるメディアなので、いつか書き続けたことが実を結ぶと信じて書き続けました。IT業界は変化が激しく、すぐに結果を求められることが多いものですが、ブログはその反対で、実に地味な世界だと感じます。

結果的に、プロ・ブロガーとして独立できるまでに10年を要しました。ぼくにとってラッキーだったのは、Google AdSense(テクニック71参照)が日本で提供されたタイミングと、ブログを始めたタイミングが合っていたことです。ずっと同じことを続けているだけなのに、世の中のルールが変わり、マネタイズが可能になったのは、本当に大きなできごとだったと思います。

‖ チャンスをつかむことができたのはコンテンツの蓄積があってこそ

Google AdSense提供開始のチャンスをつかむことができたのは、それまでのコンテンツの蓄積があったからこそでした。メールマガジンからブログと、コンテンツを入れる「ハコ」は変わりましたが、コンテンツの方向性も作り方も変わっていません。

2012年2月現在、ネタフルには31000件以上の記事がありますが、これがぼくの大事な財産です。もしブログに変わるしくみが登場したならば、この財産を持って、新たなマネタイズ手段を考えようと思っています。ただ、読まれやすいコンテンツの形式として、ブログの地位はまだ今後しばらくは揺るがないだろうとも考えています。ぼくの周囲では、2011年の後半からブログの重要性を説く人が増えています。ソーシャルメディアの記事とは密度の違う(より高密度にまとまった)ブログの記事の価値が、再評価されているのではないでしょうか。 コグレ

Chapter
04

アフィリエイトでブログから収入を得る

ブログから収入を得るために、アフィリエイトを効果的に活用しましょう。どのようなサービスを、どのように設置し、効果測定をしていくか、プロ・ブロガーである著者の生活を支えるテクニックを紹介します。

71 ブログのアフィリエイトは「動的広告」+「商品紹介」を中心にしよう

ブログでうまく収入を得るには、どのようにすればいいでしょうか？　ここでは、ブログでのアフィリエイトの基本的な考え方を解説します。

コンテンツマッチ
Webページの文字情報を分析し、コンテンツとの関連性が高い情報を自動的に表示するシステム。コンテンツマッチ広告としてはGoogleの「Google AdSense（テクニック72参照）」が代表的

あくまでも「記事を書く」ことが最重要

　ブログのためのアフィリエイトの基本方針は、あくまでも「記事を書く」ことに集中して、アフィリエイトは最低限の手間だけで行うことです。そのため、「テンプレートに動的広告」と「記事で商品紹介」の2種類を、主に利用します。

　「動的広告」とは、自分では何もしなくても、自動的に内容が変わっていくタイプの広告です。記事の内容に合った内容が自動的に表示される「コンテンツマッチ広告」が代表的です。その他には、ランキング情報を表示するオンラインショップの広告などがあります。こうした広告は、いったん設置してしまえば、基本的にメンテナンスが必要ないのがいいところです。

　もう一方の「記事で商品紹介」とは、記事中で紹介した本やガジェットなどについて、Amazonや楽天市場などオンラインショッ

和洋風◎では、❶記事のリード（最初のひとこと）の次にコンテンツマッチ広告（Google AdSense）、記事の最後に商品紹介を掲載しています

プへの紹介リンクを掲載するものです。記事で直接紹介したものでなくても、例えばiPhoneに関する記事の最後にiPhone関連書籍の紹介リンクを掲載するような方法もあります。

▌読者の役に立ててこその収入

　アフィリエイトでお金が入ることに味をしめると、読者から見ての読みやすさを軽視して、広告を使いすぎたり、商品を何でもかんでも紹介しすぎたりしてしまうことがあります。しかし、そのようなブログからは読者が離れてしまうため、収入の道は絶たれます。収入は大事ですが、読者との信頼関係がそれ以上に大事だということを、忘れてはいけません。

　アフィリエイトから収入を得られるのは、読者に「このブログの広告だから、信用していいだろう」「この人が紹介しているのだから、役に立つだろう」と、信頼してもらえているからだと考えましょう。信頼がなければ、誰も紹介された商品を買おうとは思ってくれません。

　自分では内容を選んでいないコンテンツマッチ広告でも、「あなたのブログの広告だから見てみた」といったコメントをいただくことがあります（テクニック76で解説するように、コンテンツマッチ広告の内容も、ある程度はコントロール可能です）。読者の不利益にならない広告、信頼を損なわない商品紹介を心がけることで、長く安定した収入が得られるようになります。　するぷ

Column

▌アフィリエイトはコンテンツがある程度充実してから

　アフィリエイトは、ブログを始めてすぐに利用できるわけではありません。アフィリエイトサービスに申し込むときに審査を受ける必要があり、コンテンツの少ないブログや、サービス規定に違反するブログ（違法な内容など）は、拒否される可能性があります。これからブログを始める人は、まずは半月〜1カ月ほど記事を書き続け、コンテンツを充実させましょう。

こんな結果が出る！

1. 動的広告と商品紹介を軸とすることで、記事を書く時間は削らずに、アフィリエイトで収入を得ることができる
2. 読者の信頼を損なわないことを常に心がけることで、長く収入を得ていくことができるようになる

72 最重要の広告「Google AdSense」をブログに設置する

記事を書くだけで最適な広告が自動的に表示され、収入が得られるシステムを実現したGoogle AdSenseは、ブロガー必須のサービスです。

Google AdSense
Googleが提供する広告配信サービス。広告がクリックされたことに対して、所定の金額がブロガーに支払われる

http://www.google.com/adsense

いったん設置すればメンテナンスは不要

「Google AdSense」は複数の広告を含む広告配信サービスの総称ですが、ここでは、Webページに掲載するコンテンツマッチ広告「コンテンツ向けAdSense」について解説します。

コンテンツ向けAdSenseは、広告(「広告ユニット」と呼ばれます)が設置されたWebページのコンテンツを解析し、関連性の高い広告を自動的に表示します。このようなシステムについて、Googleは「広告も情報である(邪魔なものではなく、設置したページに役立つ情報が増えるのだ)」と述べています。

設置するためには、Google AdSenseの管理画面で広告のサイズや色を設定し、取得したタグをブログのテンプレートに挿入します。このとき設置してから広告が実際に表示されるまで、48時間程度かかる場合があることに注意しましょう。すでにGoogleにクロー

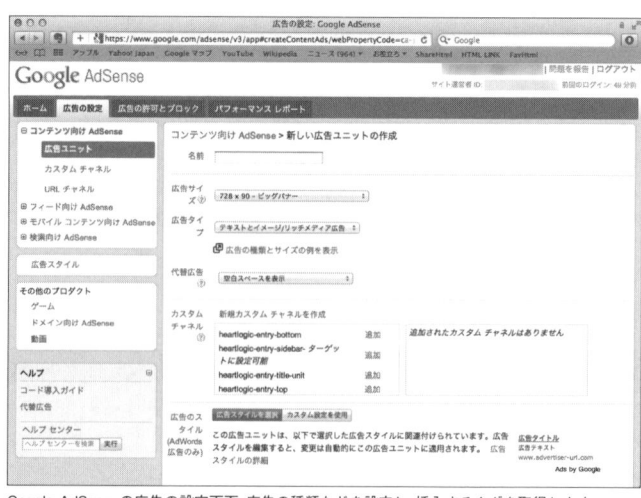

Google AdSenseの広告の設定画面。広告の種類などを設定し、挿入するタグを取得します

ルされている（Web検索結果に表示される）ブログの場合は、もっと短時間で表示されます。設置後のメンテナンスは必要なく、記事を書くたびに新しいページにも広告が表示されます。

収入の軸となる超重要サービス

今では多くのブログやオンラインメディアで見られ、ごく当たり前のものとなっているGoogle AdSenseですが、2003年12月に日本で利用可能になったときの「神がやってきた！」という感覚が忘れられません。

Google AdSenseの前から商品の紹介やバナー広告の掲載によるアフィリエイトはありましたが、得られる収入はお小遣い程度でした。ぼくは1997年からメールマガジンやWebサイトの運営をしていましたが、Google AdSenseによって初めて、満足できる収入を得ることができました。金額がいいうえにメンテナンスが不要なシステムは、まさに神のようなサービスだと思えたものです。

同様のコンテンツマッチ広告は他にもありますが、広告の充実度では、Google AdSenseに及ぶところはありません。ブログで収入を得るための軸として欠かせない存在です。　コグレ

Column

‖ 最悪の場合は契約破棄！　利用規約をよく読もう

Google AdSenseに限ったことではありませんが、アフィリエイトサービスに申し込むときには、利用規約やプログラムポリシーに注意して目を通しておきましょう。特にGoogle AdSenseはポリシーに厳しく、違反すると広告が配信停止に（何も表示されなく）なると言われます。よく問題になるのは、自分自身でのクリックと、「クリックしてください」のように書いて、読者のクリックを誘導する行為です。Google AdSenseではわかりやすいポリシーガイドブック（PDFファイル）も配布しているので、読んでおきましょう。

AdSenseをわかりやすく：ガイドブックページ
https://support.google.com/adsense/bin/answer.py?hl=ja&answer=186190

こんな結果が出る！

1 | いったん設置すれば、あとはメンテナンス不要で収入を得ることができる

2 | コンテンツ向けAdSenseの収入はページビューにほぼ比例するので、ページビューを増やすモチベーションが高まる

73 より収入が増える広告ユニットのデザインや位置を工夫する

コンテンツ向けAdSenseは、使い方しだいでパフォーマンス（クリック率など）が大きく変わります。うまいコツを知っておきましょう。

クリック報酬

（読者による）クリックに対して報酬が支払われる広告のこと。これに対して、商品の購入（売上）に対して報酬が支払われるものは「成果報酬」と呼ばれる。また、「インプレッション報酬（インプレッション単価広告）」と呼ばれる、表示されただけで収入になる広告もある

ブログになじむデザインにすることが重要

　Google AdSenseは通常「クリック報酬」といって、Webページを見た人が広告をクリックしたときに報酬が支払われます（他のアフィリエイトの多くは「成果報酬」といい、リンクをクリックした人が商品を購入して初めて報酬となります）。そのため「いかにクリックしてもらうか」を考えることが、収入アップのカギとなります。

　クリックされる第1のコツは、ブログになじむデザインにすることです。ブログの背景が白ならば広告ユニットの背景も白にして、文字やリンクの色も本文と合わせるのが、基本的にはいいでしょう。枠線は、ないほうがパフォーマンスが上がりやすくなります。

　広告のサイズも重要です。ぼくの経験では、大きなサイズの広告のほうがクリックされやすく、また、横長や縦長のバナーよりは、スクエアのほうがクリックされやすいようです。

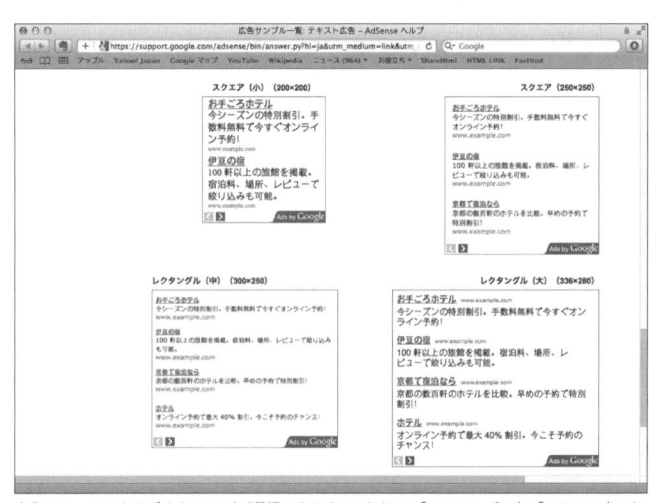

広告ユニットはさまざまなサイズが選択できます。おすすめは「レクタングル」か「スクエア」です

「もっとも見られる位置」に設置するのがベスト

とことんコンテンツ向けAdSenseのパフォーマンスを追求するならば、デザインを調整したうえで、ブログの中でもっとも見られる位置に設置するのが、最良の手段です。一般的にはサイドバーよりも記事本文のカラムで、できるだけ上の位置がいいと考えられます。なお、記事の途中に設置するのは規約違反とみなされる場合があります。その場合は「スポンサードリンク」などと、広告である旨を明記するようにしましょう。

Google AdSenseの規定では、1ページに設置できるコンテンツ向けAdSenseの広告ユニットは3つまでとされています。できるだけ記事の読みやすさを損なわず、それでいて見られやすく、邪魔にならない位置に広告を設置しましょう。広告の見られやすさと、記事の読みやすさは、しばしば相反することがあります。広告とブログのデザインとのバランスの取り方や、調整の方法については、テクニック98、99も参照してください。[するぷ]

Column

「プレースメントターゲット」を設定しておこう

広告ユニットに、カスタムチャネルという項目があります。これは「どこの広告か」を設定するもので、効果測定(テクニック78参照)をするために欠かせないものになります。

また[コンテンツ向けAdSense]-[カスタムチャネル]でカスタムチャネルの名前を選択し[ターゲット設定]をチエックすると、広告主にターゲット(表示するサイト)を指定した広告を出してもらうための設定ができます。ページビューの多いブログになったとき、自分のブログに指定した広告を出してもらえると、収入が大幅に上がります(このときには、表示されただけで収入になるインプレッション単価広告が出ることもあります)。広告ユニットには忘れずにカスタムチャネルを設定し、ターゲット設定で[広告の掲載先(ブログの内容の簡単な説明)][広告掲載位置][説明]のそれぞれを入力しておきましょう。

こんな結果が出る！

1 | ただ広告を設置するのでなく、効果的な使い方を知っておくことで、同じ内容のブログでも収入を増やすことができる

2 | 広告ユニットはブログになじむデザインにすることで、目に止めてもらいやすく、クリックされやすくなる

74 「検索向けAdSense」で便利なサイト内検索を提供する

検索向けAdSenseを使うことで、ブログに強力なサイト内検索を導入できます。そして同時に、収益を得ることも可能になります。

高性能で、収入にもつながるサイト内検索

検索向けAdSenseはGoogle AdSenseの広告の一種です。デザインや検索対象などをカスタマイズした「カスタム検索エンジン」をWebサイトに設置でき、その検索結果に表示された広告から、収入を得ることができます。

カスタム検索エンジンによって、ブログにサイト内検索を設置することができます。多くのブログツールはサイト内検索機能を提供していますが、Googleの検索エンジンがベースとなっているカスタム検索エンジンのほうが、性能は上です。カスタム検索エンジンでサイト内検索を提供することは、読者にとっても使いやすく、収入にもつながるという、すばらしいサービスなのです。

カスタム検索エンジンを設置するためには、広告の設定画面で

新しいカスタム検索エンジンの作成画面で❶[選択するサイトのみ]をクリックして❷URLを入力すると、サイト内検索が作成できます

[検索向けAdSense]の[カスタム検索エンジン]をクリックし、[新しい検索エンジン]をクリックして設定を行います。ここで[検索の対象]を[選択するサイトのみ]として、ブログのURLを入力すれば、サイト内検索になります。その他、言語やデザインも設定しましょう。オリジナルのロゴ画像を用意して、ブログに合わせたデザインの検索エンジンにすることも可能です。

複数のブログを横断する検索も設定できる

カスタム検索エンジンでは「選択するサイトのみ」の検索対象に複数のURLを設定することで(改行で区切って入力します)、複数のブログにまたがったサイト内検索を設定できます。

自分が複数のブログを書いているならば、それらを同時検索するように設定が可能です。また、似たようなテーマでブログを書いているブロガー仲間で、全員のブログを横断した検索エンジンを作るのもおもしろいでしょう。お互いのブログでネタを補いあい、より便利な情報提供ができることになります。 するぷ

サイト内検索の検索結果は、基本的にGoogleのWeb検索結果と同じです(ツールなどの表示はありません)。ブログのロゴを利用することもできます

こんな結果が出る!

1 | 便利なサイト内検索を提供し、同時に収入を増やすことができる

2 | さまざまにカスタマイズしたカスタム検索エンジンを提供し、読者の利便性を上げることができる

75 「フィード向けAdSense」でフィードの中に広告を表示する

ブログのフィードにもGoogle AdSenseで広告を掲載できます。「チリも積もれば山となる」の精神でフル活用しましょう。

フィードに広告を表示して収入を得る

テクニック3でフィードリーダーを利用したネタ集めについて触れましたが、フィード向けAdSenseは、フィードリーダーを利用する読者向けに、フィードに広告を配信するサービスです。

ブログの記事をチェックする手段はTwitterやFacebookなど多様で、フィード向けAdSenseが、それほど多くの読者の目に入るわけではありません。しかし、フィード向けAdSenseもいったん設置してしまえばメンテナンスは不要なので、利用して損になることはありません。

広告を設置できる場所があったらすべてに設置するのが、Google AdSenseの鉄則です（そして、ブログの広告の考え方は、いつでも「チリも積もれば山となる」です）。収入がないことと、いくらかでも収入があることの違いは計り知れません。

フィード向けAdSense設定後のFeedBurnerの管理画面。フィードの名前を開き❶フィードアイコンをクリックすると、新しいURLのフィードが開きます

‖「FeedBurner」を利用して設定が行われる

　フィード向けAdSenseを利用するには、広告の設定画面で[フィード向けAdSense]の[フィード広告]をクリックし、[新しいフィードユニット]をクリックして設定を行います。

　このとき、Googleのフィード管理サービスである「FeedBurner」をすでに利用していた場合は、FeedBurnerに登録しているフィードを、Google AdSenseのアカウントに追加して利用できます。FeedBurnerを利用していない場合は[新しいフィードを作成]をクリックして、自分のブログのURLを入力し、設定を行います。

　設定が完了すると、「フィードのアドレス」または「ソース」として、新しくFeedBurnerのURL（ネタフルの場合は「http://feeds.feedburner.jp/netafull」）が生成されるので、従来のフィードから、このURLへのリダイレクト（転送）を設定します。リダイレクトについて詳しくは、コラムを参照してください。　コグレ

> **FeedBurner**
> Googleが提供するフィード管理サービス。フィードへの広告の挿入やクリック数の計測などができる
>
> http://www.feedburner.jp/

Column

‖ FeedBurnerのURLにフィードを転送する方法

　フィード向けAdSenseの設定をしてFeedBurnerのURLができたら、既存のフィードを利用している読者のために、新しいURLへの転送を設定します。転送の設定はサーバーに「.htaccess」というファイルを設置する必要があり、やや高度になります。

　ブログのトップと同じディレクトリにある「index.xml」がフィードだったとしたら、同じディレクトリに.htaccessを置き、内容は1行「Redirect permanent /index.xml http://feeds.feedburner.jp/netafull」のように記述します。「Redirect permanent」はファイルが永久に移転したことを表すもので、続けてサーバーの中のファイル名（正確にはファイル名ではなく「パス」と呼ばれるもので、同じディレクトリにあるファイルは最初に「/」をつけます）と、移転先のURLを記述します。.htaccessの書き方はサーバーによって異なる場合もあります。うまくリダイレクトできない場合はレンタルサーバーのサポートに問い合わせてみてください。

こんな結果が出る！

1. フィードに広告を挿入してフィードリーダーを利用する読者に対して広告を表示して、収入を得ることが可能になる
2. FeedBurnerを利用すると、フィードがどのように読まれているか詳細な情報を知ることができる

76 Google AdSenseで不適切な広告のブロックと代替広告の設定をする

メンテナンス不要のGoogle AdSenseですが、注意しておきたい点もあります。不適切な広告と代替広告は、ときどきメンテナンスしましょう。

読者に見せたくない広告はブロックしておく

Google AdSenseは、自動的に関連性の高い広告が表示されるのがすばらしいところですが、自分のブログには表示したくない内容の広告が表示されることもあります。そのような場合は、Google AdSenseの管理画面の[広告の許可とブロック]から、メンテナンスを行いましょう。

特に気をつけておきたいのは[デリケートなカテゴリ]についてです。ここでは[出会い][消費者金融]など、不快感を持たれる可能性が高いカテゴリーの広告の表示を許可するか、ブロックするかを設定できます。こうした広告は、特定の時期に特定のカテゴリーの広告が大量に表示されることもあります。ブログのテーマから考えて適切でないカテゴリーや、悪影響が気になるカテゴリーについてはブロックしておきましょう。

[広告の許可とブロック]では、読者に見せたくない広告の表示をブロックできます。特に[デリケートなカテゴリ]を確認しておきましょう

広告がないときのために「代替広告」を用意する

コンテンツによっては、関連する広告がなく、コンテンツ向けAdSenseの広告ユニットが空白になることがあります。ネタフルでよく書くネタでは、グラビアアイドルや有名人の自殺について書いたときに、何も表示されないことが多くなります。

このようなときも広告のスペースをむだにしないために、広告の設定で「代替広告」として、かわりに表示するコンテンツを設定しておきましょう。元の広告ユニットと同じサイズで表示されることを想定したHTMLファイルを作成してアップロードし、広告ユニットの設定画面で[代替広告]に、そのURLを設定します。

このときのHTMLは、Amazonアソシエイトのブログパーツ(テクニック83参照)やLive!Adsのブログパーツ(テクニック90参照)のタグでもかまいませんし、サイズに合わせて「おすすめ記事一覧」のようなHTMLを手書きしたものでもかまいません。 コグレ

各広告ユニットの設定で[代替広告]に❶[他のURLの別の広告を表示]を選択して❷URLを入力し、代替広告を設定します

こんな結果が出る！

1 | 広告の許可を見直すことで、読者を惑わさない、安全性の高いブログにできる

2 | 代替広告を設定することで、収入のチャンスを逃さないようにできる

77 Google AdSenseの パフォーマンスレポートで 広告の効果測定をする

Google AdSenseのパフォーマンスレポートで効果測定をしましょう。全体の金額よりも「どの広告が稼いでいるか」に注目し、分析します。

||| 「どの広告が稼いでいるか」を正確に知っておく

　Google AdSenseのパフォーマンスレポートは毎日確認しましょう。プロ・ブロガーにとっては、いわば日当の明細のようなものです。金額そのものも当然気になりますが、毎日確認するべき重要な情報は「どの広告が稼いでいるか」ということです。そのために、カスタムチャネルとURLチャネルを利用します。

　カスタムチャネルを利用すると、「どの位置にある広告が稼いでいるか」を知ることができます。「wayohoo-entry-top（記事の上）」「wayohoo-entry-bottom（記事の下）」のように広告ユニットごとにカスタムチャネルを設定しておけば、それぞれのパフォーマンスを知ることができます。なお、カスタムチャネルは広告の設定画面でいつでも編集でき、新しくつけたり、別のカスタムチャネルに設定

Google AdSenseのパフォーマンスレポート画面。カスタムチャネル、URLチャネルごとに分析します

したりできます。

　また、URLチャネルを利用すると「どの記事の広告が稼いでいるか」を、おおまかに把握することが可能です。和洋風◎では、記事のカテゴリーごとにディレクトリを分割しているので「http://wayohoo.com/mac/」（Mac）」「http://wayohoo.com/music-info/anime-song/nana-mizuki/」（水樹奈々）」など、カテゴリーごとのURLチャネルを設定しています。なお、どの記事（ページ）が稼いでいるかを知ることも、Google Analyticsと組み合わせることで可能になります。テクニック78を参照してください。

もっとも重要な指標は「CTR」

　レポートには「ページビュー（広告の表示回数）」「クリック数」「ページのCTR（クリック率）」「CPC（クリック単価）」「ページのRPM（収益率＝クリック率×クリック単価×1000）」「見積もり収益額」の、6つの指標が表示されます。レポートの分析では各カスタムチャネル、URLチャネルのCTRに特に注目しましょう。

　Google AdSenseで得られる収入は「ページビュー×CTR×CPC」で決定されます。このうちCPCは広告主が決定するので、ブロガーは関与できません（CPCが高くなりやすいネタについて書く、ということは可能です）。CTRに注目して、テクニック73でも述べたような「よくクリックしてもらえる広告」をめざしましょう。

　もちろんページビューも重要で、ページビューが多くなると、収益率の高い広告が表示されやすい、という傾向があるようです。

　レポートを分析した結果、CTRのいい広告はそのままにして、悪い広告や落ちてきた広告は、デザインやサイズを変えたり、位置を変えたりすること（テクニック99参照）を検討してみましょう。なお、新しい記事を書くことで読者の動きが変わるなど、パフォーマンスの変動にはデザイン以外の要因もあります。毎日の動きを長期的に確認しながら、調整していくことが大切です。 するぷ

こんな結果が出る！

1. カスタムチャネル、URLチャネルごとにレポートを分析することで、どの広告が稼いでいるのかを確認できる
2. CTRのいい広告はそのままで、よくない広告を改善していくことで、さらに高い収入を狙えるようになる

78 Google AdSenseとGoogle Analyticsをリンクさせて詳細な分析をする

Google AdSenseとGoogle Analyticsをリンクさせましょう。これによって、一方だけではわからなかったデータを見ることが可能になります。

広告とアクセス解析の結果をリンクできる

ブロガーにとって重要な、アクセス解析と広告の効果測定を組み合わせましょう。アクセス解析のGoogle Analyticsと、Google AdSenseのアカウントをリンクさせることで、両方のデータを関連させた解析が可能になります。

Google AdSenseの管理画面の[ホーム]の[サマリー]に表示される[Googleアナリティクスと統合]をクリックして、リンクを設定します。

ページや参照元ごとのパフォーマンスがわかる

Google AdSenseとリンクさせることで、Google Analyticsの標準レポートで[コンテンツ] - [AdSense]以下の各レポートが確認可能になります。

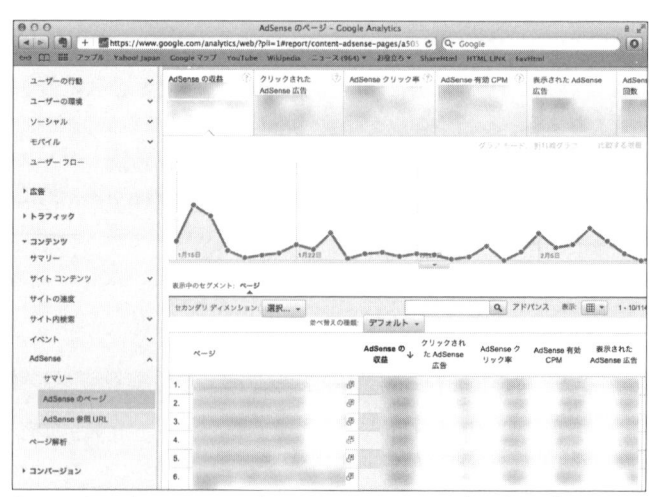

Google AdSenseとGoogle Analyticsをリンクさせることで、ページごとや参照元ごとのパフォーマンスが確認できるようになります

［サマリー］では、期間中の収益額やクリック率などの基本的なデータを確認でき、［AdSenseのページ］では、ページごとに「AdSenseの収益額」「AdSenseクリック率(CTR)」「AdSense有効CPM (AdSenseのレポートのRPMに相当)」「AdSenseのページ表示回数」などがわかります。

これによって、どの記事が稼いでいるか、どの記事のクリック率が高いか、といったことを詳細に分析できるようになります。もちろん日ごとの変動も同時に確認でき、ネタフルの場合は週末にクリック率が高くなる傾向がある、といったことがわかります。

［AdSense参照URL］では、どこの参照元のサイトごとの収益額、クリック率、有効CPMなどがわかります。こちらではFacebook経由で読んでくれる読者に比べてTwitter経由（参照元にはTwitterの短縮URL「t.co」として表示）の読者は低い、というような傾向がわかり、稼ぐためにはどこで記事をお知らせするのが効果的かを考えるヒントになります。 コグレ

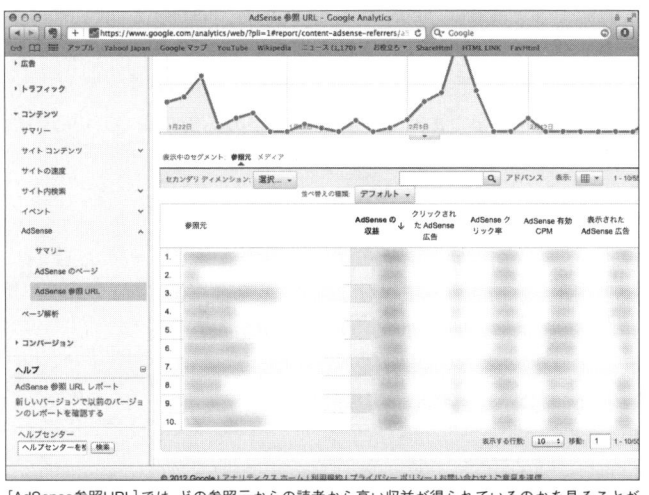

［AdSense参照URL］では、どの参照元からの読者から高い収益が得られているのかを見ることができます

こんな結果が出る！

1 両方のアカウントをリンクすることで、ページごと、参照元のパフォーマンスレポートが見られるようになる

2 稼いでいるページ、稼げる参照元が詳細にわかることで、収入アップの方法を考えやすくなる

79 Google AdSenseの効果測定をGoogle Chrome拡張機能で快適にする

Google Chrome拡張機能「AdSense Publisher Toolbar」を活用しましょう。レポートの表示と、広告ユニットごとの収益額の確認ができるすぐれものです。

AdSense Publisher Toolbar

Googleが提供するGoogle Chrome拡張機能（無料）。Chromeウェブストアからダウンロードできる

簡単にレポートを確認できる拡張機能

　AdSense Publisher Toolbarは、ツールバーに表示されるアイコンをクリックするだけで、簡単なGoogle AdSenseのレポートを表示できるGoogle Chromeの拡張機能です。毎日管理画面にアクセスすることがめんどうだという人にも、きちんと毎日チェックできている人にも、この簡単さは魅力です。Google Chromeユーザーならば、ぜひインストールしましょう。

　確認できる情報は、今日、昨日、今月、先月の収益額と、収益額の多いカスタムチャネル、URLチャネルです。各チャネルの収益額は、期間（今日、昨日、過去7日間など）を指定して確認できます。惜しいことにCTRを見ることはできませんが、どの広告が稼いでいるのかと、トータルでの収益額を知ることができます。

Google Chromeで❶AdSense Publisher Toolbarのアイコンをクリックすると、簡単なレポートが表示されます

さらに「LIFETIME REVENUE」として、アカウントの生涯収益額までが表示されます。和洋風◎を始めてからの約7年間で積み上がった収益額が思わぬ桁数になっていることにはおどろき、続けることの力をあらためて感じることができました。

広告の収益額をページ上でチェックできる

　AdSense Publisher Toolbarの機能は、これだけではありません。自分のブログにアクセスしてAdSense Publisher Toolbarのレポートを表示すると、下部に[show ad overlays on（ブログのURL）]というチェックボックスが表示されます。これをチェックすると、自分のブログに設置している広告にオーバーレイ表示で、広告ユニットの名前や収益額（すべての記事に表示された同じ広告ユニットの収益額の合算）が表示されます。

　これで、どの広告ユニットが稼いでいるのかを、ページ上で確認できるようになります。また、間違えて自分の広告をクリックしてしまうミスを防ぐというおまけ的な効果もあります。[するぶ]

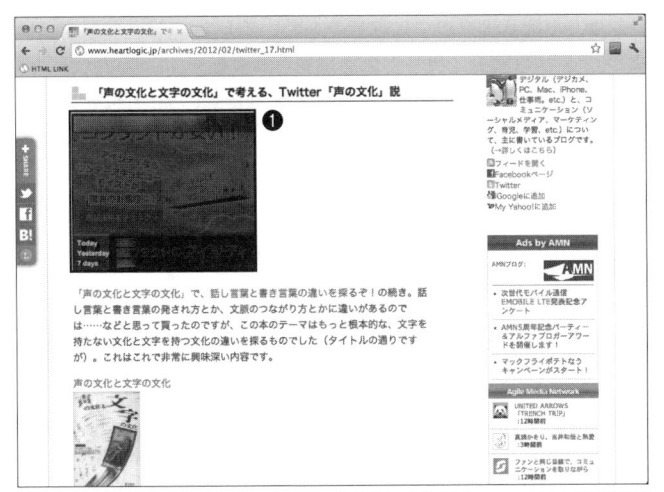

自分のブログでは、❶広告の上にオーバーレイ表示される形で広告ユニットごとの収益額がチェックできます

こんな結果が出る！

1 | Google AdSenseの効果測定が簡単になり、習慣化しやすくなる

2 | ページ上で広告ごとの収益額を確認でき、どの広告が稼いでいるかを感覚的に理解しやすくなる

80 書籍やCD、ガジェット系商品に強い「Amazonアソシエイト」を利用する

Amazonアソシエイトは、オンラインショップ「Amazon」のアフィリエイトサービスです。書籍やCD、DVD、ガジェットなどの紹介に最適です。

Amazon（Amazon.co.jp）
アマゾンジャパンが運営するオンラインショッピングサイト
http://www.amazon.co.jp/

Amazonアソシエイト
Amazonのアフィリエイトサービス
http://affiliate.amazon.co.jp/

‖ 書影やジャケット写真をブログに掲載できる

　Google AdSenseと並んで、古くからブログのマネタイズに役立ってくれたアフィリエイトサービスが「Amazonアソシエイト」です。とにかく商品点数が多く、関連するツールも充実していて、使いやすいサービスです。

　書評やCD、DVD、ゲームなどのレビューは、ブログでよく書かれるネタです。またIT系のブロガーにはガジェット好きが多く、そうしたレビューも多くなります。そのようなとき「書籍の表紙やCDのジャケット写真はブログに載せてもいいのか？」という問題がありました。例えば自分で買った本を撮影して表紙をブログに掲載したとき、実際に問題になる可能性は極めて低いものの、出版社と合意のうえで掲載しているわけではないので、掲載の差し止めなどを求められることがないとは言い切れません。

Amazonアソシエイトは、Amazon.co.jpのアカウントで登録が可能です。審査完了後、利用できるようになります。

しかし、Amazonアソシエイトを利用した「商品の紹介」として、Amazonが用意した書影やジャケット写真を掲載する場合は、このような問題はありません。余計な心配をせずに画像が利用できるという意味でも、ブロガーにとっては非常に魅力的なサービスです。

紹介料率の高さも魅力

　Amazonアソシエイトは「成果報酬」型で、商品紹介のリンクやバナーをクリックしてAmazonにアクセスしたユーザーが、実際に商品を買ったときに、紹介料として報酬が支払われます。このとき、紹介料は最低で商品価格の3.5%、1カ月の間に数多くの商品が売れるほどに紹介料率が上がっていき、最高では（100001点以上販売した場合）8%となります。

　この紹介料率は、他のアフィリエイトサービスと比べてかなり高めで、楽天市場の「楽天アフィリエイト」が基本的に1%であるのと比べたら、雲泥の差があります。この紹介料率の高さも、Amazonアソシエイトの人気の理由です。　コグレ

Column

支払いはAmazonギフト券か振込かを選択可能

　Amazonアソシエイトでは、紹介料の支払いをAmazonギフト券（Amazonで利用できるポイント）にするか、振込（現金として銀行振込）にするかを選択できます。最初はAmazonギフト券で受け取るように設定されています。

　振込で受け取る場合、紹介料が5000円になるまで支払いは保留され、振込時には300円の手数料がかかります。一方でAmazonギフト券の場合は、紹介料が保留されるのは1500円になるまでとなり、支払いを受けやすくなります。また、手数料がかかることはありません。Amazonアソシエイトをよく利用する人は、Amazonで本やCD、ガジェットなどの買い物をする機会も多いはずです。紹介料が使い切れる金額であるならば、振込にすることのメリットは特にありません。Amazonギフト券で受け取る形がいいでしょう。

こんな結果が出る！

1 | 本やCDを画像つきでブログに掲載できるので、記事がにぎやかで、わかりやすくなる

2 | 紹介料率が高く、販売数によって上がっていくため、たくさん記事を書き、商品を売るモチベーションが得られる

81 「アソシエイトツールバー」でAmazonアソシエイトを簡単に利用する

「アソシエイトツールバー」は管理画面にアクセスしなくてもAmazonアソシエイトの機能をすぐ利用できるようにしてくれます。必ず設定しておきましょう。

商品の紹介リンクを簡単に作成できる

アソシエイトツールバーは、Amazonにアクセスしているとき常にページ上部に表示され、さまざまな機能を呼び出せるようにするツールバーです。ブラウザーの拡張機能として提供されているわけではなく、ページの中に表示されるもので、主要なブラウザーすべてで利用できます。

Amazonアソシエイトに登録して管理画面にサインインしたら、[カスタマーサービス]の[アソシエイトツールバーの設定]をクリックし、[ツールバーを表示する]をクリックします。これで、アソシエイトツールバーが表示されるようになります。

アソシエイトツールバーで特に便利なのは、[このページへのリンクを作成する]です。Amazonで商品を見ながら紹介リンクを作成できるので、非常に便利です（管理画面で紹介リンクを作成する

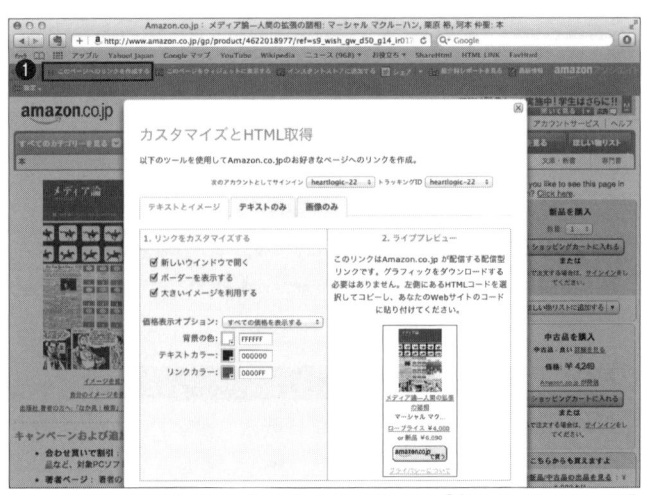

Amazonにアクセス中は常にアソシエイトツールバーが表示され、❶[このページへのリンクを作成する]ですぐにリンクが作成できます

ときには、管理画面内で検索をする必要があり、操作がずっとめんどうになります)。

Amazonアソシエイトの主要な機能に対応

アソシエイトツールバーでは、その他にも、複数の商品を紹介する「お気に入りウィジェット」機能に対応した[このページをウィジェットに追加する]、簡単な商品紹介サイトが作成できる「インスタントストア」サービスに対応した[インスタントストアに追加する]、すぐにレポートを表示する[紹介料レポートを見る]など、Amazonアソシエイトの主要な機能に対応したボタンが搭載されています。また、必要のないボタンは[設定]からはずすこともできます。

もう1つ、[シェア]では、TwitterやFacebookなどのソーシャルメディアに直接商品を共有できます。また、ライブドアブログ、はてなダイアリーなど、いくつかのブログサービスに直接投稿することも可能です。 コグレ

お気に入りウィジェット

Amazonアソシエイトで利用できる、複数の商品をまとめて紹介できるブログパーツの一種。作成したウィジェットは管理画面の[ウィジェット]-[マイウィジェット]から確認できる。ウィジェットについてはテクニック83も参照

インスタントストア

Amazonアソシエイトで利用できる、自分のオンラインショップとして簡単な商品紹介サイトが作成できる機能

Column

‖紹介リンクの作成に便利な「Amazon Quick Affiliate」

アソシエイトツールバーよりも詳細に紹介リンクの内容をカスタマイズしたいときには、「Amazon Quick Affiliate」が重宝します。商品の紹介リンクを作成するときに「カスタムリンク」として、商品の画像の大きさや、表示する情報(商品名、著者名、出版社名など)、HTMLのタグの書き方を、自由に設定できます。

設定は開発者であるヤガーさんのブログ「Creazy!」から行います。動作するブラウザーは、Google Chrome、Firefox、Safariの3種類ですが、「ユーザースクリプト」という形式で提供されており、FirefoxとSafariでは、別途ユーザースクリプトを動かすための拡張機能のインストールが必要になります。詳しくは以下のURLの説明を参照してください。

Creazy!　Amazon Quick Affiliate (JP) 公式ページ
http://creazy.net/amazon_quick_affiliate/

こんな結果が出る！

1 | Amazonで商品を見ながら簡単に紹介リンクを作成できる

2 | ツールバーから主要な機能を簡単に呼び出せるため、きめ細かくAmazonアソシエイトが活用できるようになる

82 「ブログ画像ゲッター」でAmazonの商品画像を利用する

「ブログ画像ゲッター」はAmazonの商品画像を加工して、ブログに挿入できます。ガジェットの写真や、芸能人の写真を利用することも可能です。

ブログ画像ゲッター

AbiStudio.comが提供する、Amazonの商品画像加工サービス

http://www.blogazo.net/

‖ Amazonの商品写真を加工するサービス

　テクニック11などで、ブログの記事のアイキャッチとして写真を使うことを紹介しました。ここでは、Amazonの商品画像（書籍の書影や、CD、DVDのジャケット写真など）を加工して、アイキャッチ用の画像を取得できる「ブログ画像ゲッター」を紹介します。

　ブログ画像ゲッターにアクセスしたら、まず[Amazonアソシエイト ID]に自分のアソシエイトIDを入力し、キーワードを入力して商品を検索します。アソシエイトIDが違う場合、自分の収入にならないので注意しましょう。

　検索した商品から画像を選び、その画像を拡大・縮小（最大のサイズは提供されている商品画像により異なります）、およびトリミングして、タグを取得します。最大のサイズは提供されている商品画像

ブログ画像ゲッターで、まずは❶キーワードを入力して商品を検索します。自分の❷アソシエイトIDが入っていることを必ず確認しましょう

により異なるため、大きいサイズの画像だけを探したいときは[最低幅]に検索したい最低幅のピクセル数を入力します。

芸能人の写真なども利用できる

ブログ画像ゲッターのすばらしいところは、Amazonが取り扱う豊富な商品の画像を、何でも加工して利用できることです。

ネタフルでは芸能系のネタもよく扱っていますが、アイドルの写真集の書影を加工して、記事のアイキャッチにするようなこともできてしまいます。商品画像の加工はAmazonが提供している機能で、ブログ画像ゲッターはそれを使いやすくしているだけなので、商品の紹介リンクになっていれば、規約上の問題はないと考えられます。

なお、[洋書]にカテゴリーを絞り込んで英語で検索してみると、日本の商品とは違ったテイストの画像が見つかります。雰囲気を変えたいときには試してみましょう。 [コグレ]

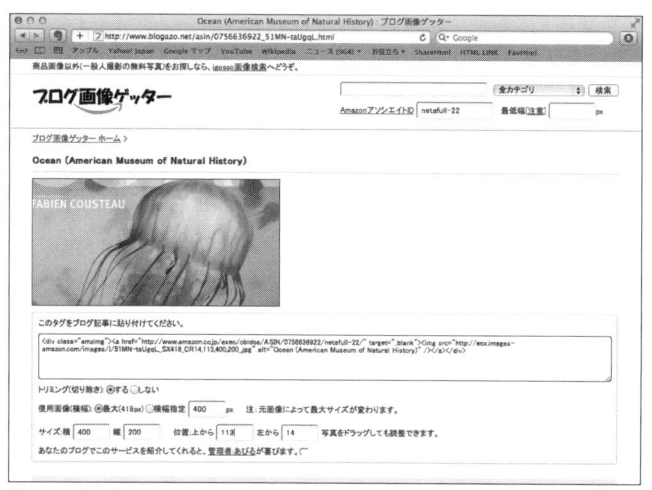

利用する画像を決めたら、拡大・縮小、トリミングの加工をして、タグを記事に挿入します

こんな結果が出る！

1 | Amazonの商品画像を利用して、記事にインパクトやわかりやすさを与えることができる

2 | 画像を見せることと同時に商品の紹介になるため、収入を得る機会を増やすことができる

83 自動で紹介する商品が変わる「Amazonおまかせリンク」を設置する

「Amazonおまかせリンク」は、内容が自動的に変わるブログパーツです。Google AdSenseのような感覚で利用できます。

コンテンツマッチでAmazonの商品を紹介

Amazonアソシエイトでは、商品の紹介リンクの他に、「ウィジェット」と呼ばれるブログパーツが提供されています。管理画面の[ウィジェット]をクリックして選択しましょう。

2012年2月現在では11種類のウィジェットがあり、お買い得情報が表示される「お買い得ウィジェット」、検索ができる「サーチ」、自分のセレクションで紹介できる「お気に入りウィジェット」、ベストセラー商品をくるくる回転して表示する「くるくるウィジェット」、本の書影やCD、DVDのジャケットを表示する「スライドショーウィジェット」などがあります。

特に注目したいのは、コンテンツマッチの「Amazonおまかせリンク」です。Google AdSense（コンテンツ向けAdSense）と同じ感覚で利用でき、記事に関連したAmazonの商品が自動的に表示されま

Amazonアソシエイト管理画面の[ウィジェット]で、利用したいウィジェットの❶[あなたのWebサイトに追加]を選択します

す。コンテンツ向けAdSenseの広告ユニットと共通するサイズも多いため、代替広告としても適しています。

　もう1点、設定したカテゴリーやキーワードに基づいて自動で商品を表示する「Amazonライブリンク」もおもしろいウィジェットです。あえてコンテンツマッチにせず、特定のキーワードやカテゴリーの商品を常に紹介したい場合は、こちらを利用しましょう。

効果的なウィジェットを見極めよう

　商品の紹介リンクや、ウィジェットの商品紹介がどれだけクリックされ、販売に結びついたかは、レポート(テクニック84参照)で詳細に確認できます。

　多彩なウィジェットに目移りしてしまうかもしれませんが、レポートを見ると、現在のウィジェットが効果的かどうかがすぐにわかります。レポートを確認しながら、さまざまなウィジェットの種類、デザイン、配置を試してみましょう。 コグレ

❶[バナーサイズ]を選択し、配色などもカスタマイズして、ページ下部からウィジェットのタグを取得します

こんな結果が出る！

1 | メンテナンスが必要ない、コンテンツマッチの商品紹介ブログパーツが設置できる

2 | Google AdSenseと共通するサイズのウィジェットがあるので、代替広告としても利用しやすい

84 Amazonアソシエイトのレポートで、紹介した商品の売れ行きを見る

Amazonアソシエイトのレポートを確認しましょう。クリック数や注文数から、紹介記事の効果を調べることができます。

紹介記事の力がレポートに反映される

　Amazonアソシエイトのレポートも、毎日確認して励みにしましょう。Google AdSenseとは違って、自分が直接紹介した商品が売れたかどうかを確認できるため、紹介した商品が売れていたときには、飛び上がるようなうれしさがあります。

　最初に確認するのは「注文レポート」です。ここでは、選択した日にどの商品がどれだけ注文されたかがわかります。また[すべての商品を表示]の左にある[▽]をクリックすると、どの商品の紹介リンクが何回クリックされたかが、すべて表示されます。

　例えば、前日に書いた本のレビュー記事に挿入した商品の紹介リンクが何回クリックされ、そこから何冊購入されたかを確認すれば、記事の(購入意欲をかき立てる、という意味での)力がどれだけだったかを知ることができます。

「注文レポート」では、どの商品のリンクが何回クリックされ、何点注文されたかを確認できます

もし、クリック数が多くても購入されていなかったとしたら、何かもう一押しの要素が足りなかったのかもしれません。また、そもそもクリック数が少なかったら、文章がよくなかったか、紹介リンクの見せ方がよくなかったのかもしれません。次への反省材料にしましょう。また、紹介したものとは違う商品が売れることもあります。そのような場合は、Amazonにリンクしたあとで、そちらの商品が気になった人がいたのだと考えられます。

その他「売上レポート」では、注文があって商品の発送が行われ、実際に売上になった商品と紹介料が確認できます。「リンクタイプレポート」では、リンクの種類別、ウィジェット別のクリック数や販売数がわかります。ウィジェットの効果を知りたいときには、こちらを確認しましょう。

複数のトラッキングIDを利用できる

レポート画面の[トラッキングID]にある[変更]をクリックして[トラッキングIDを追加]をクリックすると、自分のアソシエイトIDとは別に、Amazonアソシエイトを利用するためのトラッキングIDを取得できます。

Amazonアソシエイトでは商品の紹介リンクの所定の部分に「netafull-22」のような文字列をつけて誰のアフィリエイトかを識別していますが、この文字列を「トラッキングID」と呼びます。最初の1つはアソシエイトIDと同じものが作成されますが、それ以外にも持つことができるわけです。

複数のトラッキングIDを使い分け、レポート画面で[おまとめレポート]のチェックをはずしておくと、トラッキングIDごとのレポートを確認できます。複数のブログを運営しているときや、特別な記事だけのレポートを見たいときには、利用すると便利です。ただ、いちど作成したトラッキングIDは削除できないことに注意しましょう。必要がないのに増やしすぎると、管理が大変になってしまいます。 [するぷ]

こんな結果が出る！

1 | 毎日レポートを確認することで、記事での商品紹介がどのような結果になったかを知ることができ、励みになる

2 | リンクの種類別など詳細なレポートを確認できる、ウィジェットなどの効果も細かく分析できる

85 約9000万点の商品が選べる「楽天アフィリエイト」を利用する

楽天アフィリエイトは、取り扱う商品の豊富さ、ジャンルの幅広さが魅力です。さまざまなネタに対応した商品を紹介できます。

楽天市場
楽天が提供するオンラインショッピングモール

http://www.rakuten.co.jp/

楽天アフィリエイト
楽天が提供するアフィリエイトサービス

http://affiliate.rakuten.co.jp/

楽天キャッシュ
1カ月あたり3000円を超えた楽天アフィリエイトの報酬額を、楽天銀行の口座か、楽天カードに対して支払うしくみ。詳細は以下のURLから確認できる

http://affiliate.rakuten.co.jp/info/rule_new.html

∥支払いは楽天スーパーポイント

　楽天アフィリエイトは、オンラインショッピングモール「楽天市場」などで取り扱っている商品をアフィリエイトで紹介できるサービスです。楽天市場では大量の商品の取り扱いがあるので、Amazonでは取り扱いの少ない生鮮食料品や各地の名産品、スイーツ、雑貨などの紹介も可能です。

　ただし、紹介料率は基本的に商品価格の1%となります（ショップによっては高い料率を設定している場合もあります）。支払いは楽天市場で利用できる「楽天スーパーポイント」となるので、いつも買い物に利用するアカウントでアフィリエイトも利用するといいでしょう。なお、1カ月あたり3000ポイントを超えた紹介料については「楽天キャッシュ」での支払いとなるため、あらかじめ楽天キャッシュへの登録もしておきましょう。

楽天市場と同じように商品を検索し、❶[商品リンク]をクリックして商品の紹介リンクを作成できます

豊富な商品を紹介できることが魅力

　楽天アフィリエイトの魅力は、先にも述べたように取り扱う商品の豊富さです。本、CD、DVDの他、ガジェットやスポーツ用品など、どちらかというと男性向けのネタに関連する商品の紹介はAmazonアソシエイトで事足りますが、食べ物、雑貨、インテリアといった商品の取り扱いは楽天市場のほうが圧倒的に多いため、料理、旅行、手芸など女性向けのネタをよく扱うブログでは、楽天アフィリエイトを利用する機会が多くなります。

　また、楽天市場の他に「楽天ブックス」「楽天トラベル」「楽天オークション」「楽天GORA（ゴルフ）」などの商品を紹介可能で、特にトラベルは高額商品になるので、高い紹介料が期待できます。

　リンクの作成方法もわかりやすく、商品画像だけのリンクを作成して記事のアイキャッチにするような使い方も可能です。ブログのネタに合わせて活用しましょう。 コグレ

Column

さまざまな凝った画像が用意されている

　「商品リンク」を作成するときには、「リンクタイプ」として「画像とテキスト」「画像のみ」「テキストのみ」の3種類が選択できます（他にメール用のテキスト形式と、QRコードも選択できます）。そして画像のサイズとして、最小では64×64ピクセルのサムネイルのようなサイズから、最大では400×400ピクセルの大きなサイズまでが用意されています。各ショップでは画像に工夫を凝らしていて、商品の写真も美しく撮られたものが多く、さらに、キャッチコピーや「送料無料」などのロゴが入っていたり、ショップの担当者がアピールしていたりと、派手なものもあります。同じ商品を複数のショップで取り扱っていることも多いので、商品名で検索して、画像が好みのショップを選ぶようにしましょう。なおショップのトップページにリンクする「ショップリンク」用の画像も、ショップによってはユニークなものが用意されています。

こんな結果が出る！

1 | 楽天市場の豊富な商品を画像つきで紹介でき、Amazonにはない商品も取り扱えるようになる

2 | IT・ビジネス系など男性向け以外のネタを書くブロガーにも使いやすく、収入のための頼れる手段となる

86 楽天アフィリエイトのリンクを「楽チンリンク作成」で簡単に作る

楽天市場／ブックスを利用しながら、商品の紹介リンクを簡単に作成できるようにしましょう。「楽チンリンク作成」をインストールします。

楽チンリンク作成

Andy Matsubara氏が提供している、楽天アフィリエイトの商品の紹介リンクを簡単に作成するブラウザー拡張機能。Firefox版とGoogle Chrome版がある

http://rakulink.appspot.com/

‖ FirefoxとGoogle Chrome対応の拡張機能

　テクニック81では、Amazonの商品を見ながら紹介リンクを作成できるアソシエイトツールバーを紹介しました。管理画面でリンクを作成するよりも、オンラインショップで商品を見ながらリンクを作成できたほうが、だんぜん楽になります。

　「楽チンリンク作成」は、いわばアソシエイトツールバーの楽天版で、商品を見ながら紹介リンクを作成できます。ただし、ブラウザーの拡張機能としての提供で、対応しているのはFirefoxとGoogle Chromeだけとなります。また、対応する商品は楽天市場と楽天ブックスの商品だけで、楽天トラベルなどには対応しません。

　楽チンリンク作成のページからFirefox Add-onsまたはChromeウェブストアへのリンクをクリックし、拡張機能をインストールし

商品の❶[ケータイにURLを送る][レビューを見る][レビューを書く]のいずれかを右クリックし、❷[楽チンリンク作成]をクリックしてリンクを作成します

ます。次に、楽天ウェブサービスのアフィリエイトID（詳しくは欄外を参照してください）を確認画面で取得し、拡張機能の設定画面（Google Chromeではオプション画面）で入力します。これで設定は完了です。

　楽天市場か楽天ブックスで目当ての商品のページを表示したら、商品の[ケータイにURLを送る][レビューを見る][レビューを書く]のいずれかを右クリックし、表示された[楽チンリンク作成]をクリックします。するとタグが表示されるので、これをコピーして記事に表示します。タグは2種類表示されますが、通常は上のタグを、ブログがJavaScriptに対応していない場合は下のタグを利用します。

コグレ

楽天ウェブサービスのアフィリエイトID

楽天アフィリエイトの関連サービスを利用するときに必要になる文字列。以下のURLで取得できる

https://webservice.rakuten.co.jp/account_affiliate_id/

Column

楽天アフィリエイトのブログパーツも提供されている

　楽天アフィリエイトのトップから[便利なツール]をクリックすると、さまざまなウィジェット（ブログパーツ）が利用できます。特に注目したいのは、Amazonおまかせリンク（テクニック83参照）の楽天アフィリエイト版のような機能を持つ「楽天モーションウィジェット」です。コンテンツマッチで楽天市場、または楽天トラベルの商品を紹介できます。

　ただし、楽天モーションウィジェットを利用するときには1点注意したいことがあります。ウィジェットの設定時に[掲載したい商品を選択]に[おすすめ商品を優先的に表示する]という項目がチェックされていますが、これは、読者の閲覧履歴を元にして、過去にチェックした商品を紹介する機能です（このようなユーザーの閲覧履歴を元にして広告などを表示するしくみを「行動ターゲティング」と呼びます）。[おすすめ商品を優先的に表示する]をチェックしていると、楽天市場／トラベルを利用している読者にはコンテンツマッチでなく、過去にチェックした商品が常に表示されます。効果的な紹介かもしれませんが、見覚えのある商品ばかりが出て気味が悪いと思う人もいます。[おすすめ商品を優先的に表示する]をはずしておいたほうが、読者に不安を与えずにすむかもしれません。

こんな結果が出る！

1 楽天市場、楽天ブックスを見ながら、簡単に商品アフィリエイトの紹介リンクが作成できる

2 簡単にリンクを作成できるため、ちょっとした機会にも商品を紹介するなどして、収入の機会を増やすことができる

87 楽天アフィリエイトの成果レポート、確定・報酬レポートを確認する

楽天アフィリエイトのレポートは2種類あります。サービスの特性を知って、重要なポイントだけを確認しましょう。

Cookie

Webサイトによってブラウザーに送り込まれ、ブラウザー内に記録される情報。アフィリエイトのリンクをクリックしたことを示す情報がCookieによって保存されることで、誰のリンクからの購入かが判別できるようになる

||「成果」と「確定・報酬」の2種類がある

　楽天アフィリエイトのトップから[成果レポート]をクリックし、レポートを確認しましょう。レポートは2種類あり、「成果レポート」は、紹介リンクのクリック数や商品の注文をほぼリアルタイムで表示するレポートです。「確定・報酬レポート」は成果があった翌々月の10日ごろに更新される、報酬(収入)が確定したときのレポートです。

　成果レポートでは、「注文別」で商品の販売数、「楽天市場ショップ別」でショップ(またはショップの商品)へのリンクのクリック数と、販売数がわかります。

　楽天アフィリエイトは、アフィリエイトリンクをクリックしたユーザーのブラウザーに30日間情報(Cookie)が残ります(Amazonは24時間、モバイルの楽天アフィリエイトは7日間です)。そのため、紹介した商品以外のものが売れる確率が高く、成果レポートに意外な商品がリ

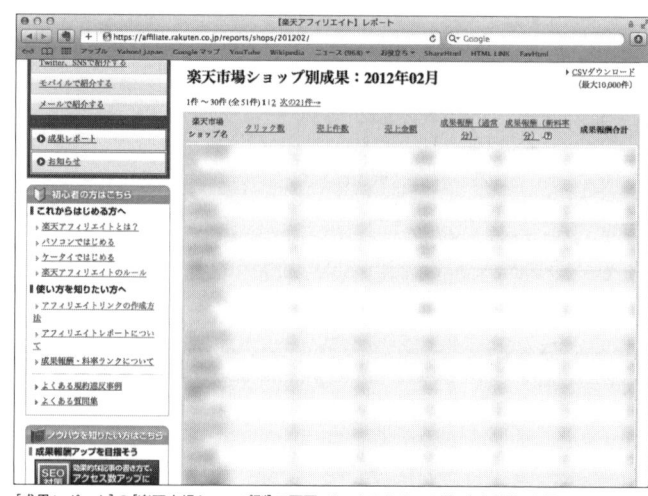

[成果レポート]の[楽天市場ショップ別]の画面。リンクのクリック数、売上件数が確認できます

ストアップされることがよくあります。気になる商品があったら、「読者の誰かが関心を持った商品」ということでメモしておきましょう。いつかネタになるかもしれません。

成果レポートのクリック数と販売数が重要

確定・報酬レポートは、例えば2012年2月の成果であれば、4月の10日ごろになってようやく確認できることになります。楽天アフィリエイトでは先述のように30日間情報が残って成果につながりますが、その一方で、成果が破棄される(別の人の成果として確定した場合など)こともあります。

確定・報酬レポートの「成果確定状況」で期間を指定し、レポートを見てみましょう。およそ3割前後は破棄されているはずです。まだ確定前の場合は[未確定]と表示されます。

楽天アフィリエイトでは翌々月まで確定した収入の額がわからず、また破棄率も高いため、成果レポートの段階で金額を気にしても、あまり意味がありません。

毎日のチェックでは、成果レポートで、リンクごとのクリック数と、紹介した商品の販売数をチェックしましょう。紹介記事からどれだけの人に商品を見て、買ってもらえたかがわかります。確定・報酬レポートは毎月10日ごろにだけ確認すればOKです。 [コグレ]

Column

紹介料率が高いショップを探すこともできる

楽天アフィリエイトの紹介料率は通常1%ですが、高い紹介料率を設定しているショップもあります。楽天アフィリエイトのトップで[高料率ショップ]をクリックすると探すことができ、中には5%以上、10%以上という非常に高い紹介料率を設定しているショップもあります。また、商品を検索したときに[並び順]の[料率が高い]をクリックして、紹介したい商品を高い紹介料率で扱っているショップをみつけることもできます。

こんな結果が出る！

1 | 毎日成果レポートを確認することで、ブログでの商品紹介の結果を知ることができ、励みになる

2 | 紹介していない、意外な商品が売れて成果レポートに表示されることがあり、思わぬ発見ができる

88 ブログのテーマに合わせた専門性の高いアフィリエイトサービスに登録する

Amazonや楽天以外にも、アフィリエイトが利用できるオンラインショップはあります。「ASP」と呼ばれるサービスと契約しましょう。

リンクシェア

リンクシェア・ジャパンが提供するASP

http://www.linkshare.ne.jp/

iPhone／Macアプリのアフィリエイトもできる

　Amazonと楽天(楽天市場、楽天ブックスなど)は商品が非常に多いですが、この2サイトでは取り扱っていない商品やサービスも、まだまだあります。

　それらを紹介するためには、アフィリエイトサービスプロバイダー（ASP）と呼ばれるアフィリエイトの仲介サービスと契約し、その中でマーチャント(商店)として参加しているオンラインショップやサービスと提携する必要があります。

　例えば「iTunes Store」の音楽やアプリ、「Mac App Store」のアプリを紹介したい場合にはASPの「リンクシェア」と契約し、その中でiTunes Storeと契約します。CDのレビューを書いたとき、iTunes Storeでも購入できるならiTunes Storeへのリンクも設置しておく

リンクシェアでiTunes Storeと提携すると、iPhoneアプリやMacアプリのアフィリエイトが利用できます

と読者にとって親切です。

リンクシェアは、他に「ディノス」「フェリシモ」「千趣会」など、女性に人気の高いオンラインショッピングサイトのマーチャントが多いことも特長です。

「バリューコマース」は、「Apple Store」のアフィリエイトができる唯一のASPです（ただし、2012年2月時点では制限が設けられていて新規契約できないようです）。また、ソフトバンク、イー・モバイル、フレッツ光など通信キャリア系や、「Yahoo!ショッピング」「Yahoo!オークション」などヤフージャパンのサービスがマーチャントとして参加していることも特長です。

もう1つ「A8.net」は、レンタルサーバーなどに強いASPです。16ページで紹介したロリポップ、heteml、さくらのレンタルサーバー、ムームードメイン、そしてTypePadが、マーチャントとして参加しています。しかも「本人申込OK」として、自分が申し込んだときにも報酬が支払われるしくみになっています（つまり、割引サービスとして利用できます）。

あまり手を広げすぎることは避けよう

これらのASPは、商品紹介をメインとしたアフィリエイトサイトの運営者が主に利用するもので、ブロガーが使うには、やや管理が煩雑になる部分があります。例えば期間限定のキャンペーンバナーなどが提供される場合には、設置していたバナーを終了後に削除するなど、こまめなメンテナンスをしなければなりません。

それぞれのASPにはたくさんのマーチャントが参加していて、目移りしてしまうかもしれません。しかし、あまり手を広げすぎると、本来の「記事を書く」という目的を見失います。ブログで書きたいテーマに関するマーチャントとだけ提携するようにしましょう。

各ASPでマーチャントが異なりますが、すべてのASPと契約するのはめんどうです。お気に入りの特定のショップのアフィリエイトをしたいときは、ショップのサイトで調べてみましょう。アフィリエイトが可能ならば、ASPが紹介されているはずです。 コグレ

バリューコマース
バリューコマースが提供するASP
http://www.valuecommerce.ne.jp/

A8.net
ファンコミュニケーションズが提供するASP
http://www.a8.net/

こんな結果が出る！

1. さまざまな有名オンラインショップの商品が紹介できるため、幅広いネタでの収入アップができるようになる
2. 自分が商品やサービスを購入するときの割引サービスとして利用できる場合もあり、得ができる

89 「AppStoreHelper」でiPhone／Macアプリのリンクを簡単に作成する

iPhone／Macアプリの紹介リンク作成を簡単にするMacアプリが「AppStore Helper」です。リンクシェアの管理画面が不要になります。

AppStore Helper

moyashi氏が提供するMac用アプリ(無料)。iTunes Store（App StoreとMac App Store）のアプリの紹介リンクを簡単に作成できる

http://hitoriblog.com/?p=3051

リンクシェアのトークン

リンクシェアの関連サービスを利用するときに必要になる文字列。以下のURLからも取得できる

http://cli.linksynergy.com/cli/publisher/links/webServices.php

▌アプリ紹介記事には欠かせない

iPhoneユーザーならば、アプリの紹介記事を書きたいと思うことは多いでしょう。リンクシェア（テクニック88参照）でiTunes Storeと提携するとApp Store（iPhoneアプリ）やMac App Store（Macアプリ）のアプリのアフィリエイトを利用できますが、リンクシェアの管理画面でアプリの紹介リンクを作成するのは、操作手順も多く、サーバーの反応もあまり速くないため、けっこうな手間になります。

そこでAppStoreHelperを利用しましょう。Mac用のみですが、アプリの紹介リンクの作成が簡単になります。

▌「AppStoreHelper」の使い方

開発者のmoyashiさんのブログ「ひとりぶろぐ」から最新版のAppStoreHelperをダウンロードし、インストールします。起動し

AppStoreHelperではアプリを検索し、紹介リンクのタグを取得する操作が簡単にできます。検索をしてアプリを選択し、❶[Copy tag]をクリックしてタグをクリップボードにコピーします

たら[AppStoreHelper] - [Preference]をクリックし、[LinkShare token]に、リンクシェアで発行されるトークンを入力します。[LinkShare token]の右にある[?]をクリックし、トークンを取得しましょう。これで設定が完了します。

アプリを紹介するときは[iPhone] ／ [iPad] ／ [Mac]から紹介したいアプリの対応環境を選択し、[App Store Search]にキーワードを入力してアプリを検索します。検索結果から紹介したいアプリを選び[Copy tag]をクリックすると、タグがクリップボードにコピーされます。

タグのフォーマットは[Format 1] ～ [Format 4]の4種類を選択でき、自分でカスタマイズすることも可能です。最初の設定では[Format 1]がもっとも情報量が多く、アイコン、価格、カテゴリーなどの情報を掲載できます。わかりやすい情報提供をするという意味でも、おすすめのアプリです。 するぶ

Column

‖ Windowsでは「AppHtml」が利用できる

「AppHtml」は、App StoreとMac App Storeのアプリの紹介リンクを作成できるブックマークレットで、Windowsユーザーでも、AppStoreHelperに近い機能を利用できるようになります。52、53ページで紹介した「ShareHtml」、「FavHtml」と同じ、hiro45jpさんが提供しているブックマークレットで、設定方法も似ています。

「AppHtmlメーカー」にアクセスして設定を行い、ブックマークレットを登録しましょう。このとき多数の「書式テンプレート」が用意されていますが、AppStoreHelperの[Format 1]に近いのは[小アイコン表示]です。AppHtmlを呼び出したらキーワードを入力してアプリを検索しますが、複数のアプリがみつかったときには、表示されたアプリの候補を[キャンセル]で決定、[OK]で次の候補を表示という、やや特殊な操作になることに気をつけましょう。

AppHtmlメーカー
http://dl.dropbox.com/u/2271551/javascript/apphtmlmk.html

こんな結果が出る！

1 | リンクシェアの管理画面を利用せずアプリの紹介リンクが作成できるため、アプリ紹介記事が書きやすくなる

2 | 情報の充実した紹介リンクが作成でき、読者にもわかりやすい記事が作成できる

90 「Live!Ads」でYahoo!オークションなどの商品を紹介する

Live!Adsは、Amazon、楽天以外の大手サービスのブログパーツを手軽に作成できるのが特長のASPです。シンプルなデザインも特長です。

Live!Ads
ライブアズが提供するASP
http://www.liveads.jp/

大手サイトの商品で収入アップがねらえる

Live!Adsは、Yahoo!オークション、Yahoo!ショッピング、「じゃらん（リクルートの旅行サービス）」など、大手のショッピングサイトがマーチャントとして参加しているASPです。Yahoo!オークションの商品紹介などは、読者の興味を引きやすく、収入アップが期待できます。

最大の特徴は多彩なウィジェット（ブログパーツ）にあり、上記のような多くのショッピングサイトの商品を利用して、メンテナンス不要のウィジェットを利用できるのが魅力です。記事を書くことに集中したいブロガーにとって、非常に使いやすいサービスです。

利用できるウィジェットは、Live!Adsにログインして[コンテンツマッチ][ランキング][ショッピング][オークション][バナー広告]のそれぞれをクリックすると表示されます。

「ヤフオクコンテンツマッチ」で作成できるウィジェットの1パターン。記事の最後などに挿入するタイプです

例えば[コンテンツマッチ]をクリックすると、3種類のデザインの[ヤフオクコンテンツマッチ（Yahoo!オークションの商品をコンテンツマッチで表示）]が表示され、利用したいウィジェットを選択できます。各デザインはさらに細かく表示方法をカスタマイズできます。

違和感の出にくいシンプルなデザイン

ランキングのウィジェットでは、書影やCDのジャケット写真などの画像だけで文字情報がない、シンプルで画像のインパクトを強く押し出すデザインも設定できます。こうしたデザイン性の高さも、Live!Adsの特長です。

Amazonアソシエイトや楽天アフィリエイトのウィジェットは文字情報が多く、ごちゃごちゃとした印象になりがちですが、サイドバーの広告はできるだけシンプルなものにしてスマートに見せたい、というとき、Live!Adsのウィジェットは最適です。紹介する商品もビジュアル重視で選んでみましょう。 コグレ

縦長のランキングウィジェット。設定していくと、ネタフルでもおなじみのウィジェットができあがります

こんな結果が出る！

1. Yahoo!オークション、Yahoo!ショッピングなどの大手ショッピングサイトの商品をブログパーツで紹介できる
2. シンプルなデザインのウィジェットが多く、ブログをすっきりとした印象にできる

91 高度な管理ができる「Double Click for Publishers スタンダード」を利用する

広告の管理に興味が出たら、もっと高度なサービスを試してみましょう。Double Click for Publishersスタンダードは、無料で利用できます。

▌広告のランダム表示や詳細な効果測定ができる

DoubleClick for Publishersスタンダード（以降「DFP」）は、Googleが提供する広告配信サービスです。広告の表示回数が月間9000万回未満ならば、無料で利用できます。

ブログで広告を入れ替えるとき、通常はテンプレートを編集してタグを書き換えますが、DFPでは「広告ユニット」のタグをブログにいったん挿入したら、DFPの管理画面から「クリエイティブ」と呼ばれる部分を編集することで、テンプレートの編集や再構築（Movable Typeの場合）をしなくても、入れ替えができます。また、複数の広告を登録してランダムに表示したり、特定の時間帯や特定の地域からのアクセスに対して広告を表示するようにターゲティングしたりもできます。広告がなく「空き枠」となった広告ユニットには、コンテンツ向けAdSenseを表示できます。

DoubleClick for Publishers スタンダード

Googleが提供する広告配信サービス（無料）。広告の表示回数が月間9000万回を超えると有料になるが、個人ブログで考慮する必要はまずない

http://www.google.com/admanager/

DFPの管理画面。広告ユニットのタグを挿入すれば、以降はテンプレートを編集することなく、こちらの管理画面だけで広告の入れ替えができます

効果測定も非常に詳細に行うことができ、時間帯別、地域別、広告ユニット別などで、クリック率や収益などをチェックできます(企業で利用する場合は広告主別、担当者別などのデータも見ることができます)。

最初のハードルはやや高いが、応用の幅が広い

DFPは基本的には企業向けで、設定はやや複雑です。しかし、非常に詳細な運用や効果測定ができ、また、長い目で見れば、設定やメンテナンスも楽にになります。

ブログでDFPを利用する場合、最初に「広告ユニット」と「プレイスメント(広告主から広告を募集するための広告枠情報)」を作成し、広告ユニットのタグをブログに挿入します。次に「オーダー(広告の注文)」と「クリエイティブ(広告のタグ、または画像とURLなど)」を作成すると、広告が表示されます(最初は60分程度待つ必要があります)。

ブログでは、自分のブログに広告枠を設定し、自分でアフィリエイト広告を持ってきて、設定をするという形になります。クリエイティブは何でもよく、JavaScriptのブログパーツでも、商品の紹介リンクでもかまいません。

ネタフルでは、Amazon Quick Affiliate (191ページのコラム参照)でAmazonの商品画像からの紹介リンクを作成して、複数の商品をランダムに表示するようにしています。すると、どの商品の画像がクリックされやすいのか、おもしろいデータが得られます。クリック率の低いものはクリエイティブを差し替えるだけで入れ替えでき、調整も簡単です。

広告ではなくて、おすすめ記事を紹介するバナーを作ってもいいでしょう(いわゆる自社広告のような形になります)。それについても簡単に効果測定できるのが、DFPのおもしろいところです。

最初のハードルはやや高めですが、まずは設定してみてください。広告の使い方や効果測定について、深く考えるいい機会になると思います。 コグレ

こんな結果が出る！

1 | さまざまな広告を一元管理でき、広告の入れ替えも簡単に行える

2 | 広告の詳細な効果測定をしながら、効率的に広告を運用できるようになる

92 強力なショップ横断リンク作成ツール「カエレバ」「ヨメレバ」を利用する

オンラインショップはAmazonと楽天市場だけではありません。多数のショップにまとめて対応した紹介リンクを作成できるサービスがあります。

カエレバ
かん吉氏が提供する、複数のオンラインショップへの紹介リンク作成サービス
http://kaereba.com/

ヨメレバ
かん吉氏が提供する、複数のオンライン書店への紹介リンク作成サービス
http://yomereba.com/

1回の操作で複数のショップへの紹介リンクを作成

カエレバは、複数のオンラインショップを横断した商品の紹介リンクを作成できるサービス、ヨメレバは、オンライン書店に特化した横断紹介リンク作成サービスです。

人によって愛用するオンラインショップは違うため、複数のショップへのリンクを用意できれば、読者にとっては、いつものショップでスムーズに商品を買いやすくなります。また、どこかのショップで在庫がなくなったときには、別のショップをチェックできるので便利です。

利用するショップだけを設定しよう

カエレバ、ヨメレバを利用するためには、各ショップのアフィリエイトサービスに対応したIDの入力が必要です。そのため、たくさんのショップに対応しようとすると複雑になります。

最初に［ユーザーデーター入力］から各アフィリエイトサービスのIDを入力し、設定を行います

和洋風◎では、本の紹介も含めすべてカエレバを利用し、ショップはAmazon、楽天市場、Yahoo!オークションの3サービスだけに対応しています。リンク先は多すぎないほうがシンプルでわかりやすくなるので、利用者の多いAmazonと楽天市場、そして中古市場としては最大手のYahoo!オークションに対応しておけば、たいていの読者には満足してもらえると考えるためです。

　AmazonアソシエイトのアソシエイトIDは覚えやすいので簡単に入力できるでしょう。楽天アフィリエイトのIDの入力は、ページの解説のとおりに行いましょう。Yahoo!オークションのアフィリエイトを利用するためには、バリューコマース（テクニック88参照）との契約が必要になります。

　準備ができたら、ページ上部で商品名を検索して商品を選択するか、ブックマークレットの設定をして、Amazonの商品ページなどで呼び出します。すると設定とプレビューの画面が表示され、タグを取得することができます。　するぶ

検索して商品を選択すると、❶プレビューと表示のカスタマイズ、およびタグの取得をする画面が表示されます

こんな結果が出る！

1　複数のオンラインショップを横断した商品の紹介リンクが作成でき、読者に便利に使ってもらえる

2　Amazon、楽天市場以外のショップへの紹介リンクも簡単に作成できる

93 よく使うアフィリエイトのタグはEvernoteにまとめてラクをする

広告や紹介リンクのタグの作成は、それなりに手間がかかるものです。Evernoteにまとめて、二度手間をなくしましょう。

‖アフィリエイトのタグ作成を省力化する

　アフィリエイトのタグを作成するのは、手間がかかります。管理画面にログインし、メニューを選択したりキーワードを入力したりして、設定を変更し……という作業は、短く見積もっても数十秒はかかり、記事を書く時間、文章を考える時間が削られます。

　入力を簡易化するTextExpander（テクニック15参照）のようなアプリも紹介しましたが、アフィリエイトのタグは毎回記事を書くたびに使うというわけでもなく、種類も多く、トレンドの移り変わりも激しいため、TextExpanderでの管理には、あまり向きません。

　このようなアフィリエイトのタグの管理方法としておすすめなのは、Evernoteを利用して「また使いそうなタグ」をためておくことです。ノートの題名に「MacBook:テキスト広告」のようなキーワードを

Evernoteでよく利用するタグを管理すれば、すばやくタグを取り出し、記事に貼りつけることができます。

つけ、本文にタグを貼りつけておき、必要になったときには検索して取り出します。

　これで、アフィリエイトのタグを作成するための時間を節約し、同時に「めんどうだからアフィリエイトは省略しておこう、どうせそれほどアクセスされないだろうし……」といった後ろ向きな気持ちを克服して「チリも積もれば山となる」のアフィリエイトを徹底することができます。

さらに操作性を追求するならば「Snippets」

　タグを作成する作業の効率をさらに追求するならば、プログラマー向けのスニペットツールをおすすめします。ぼくはMac用のSnippetsというアプリを利用していますが、検索して項目を選択するだけでタグを入力でき、タグを選択してコピーし、貼りつけるという一連の操作が省略できます。この小さな違いも、何度も繰り返すと大きな違いになっていくものです。39.95ドルとやや高めですが、おすすめします。 するぷ

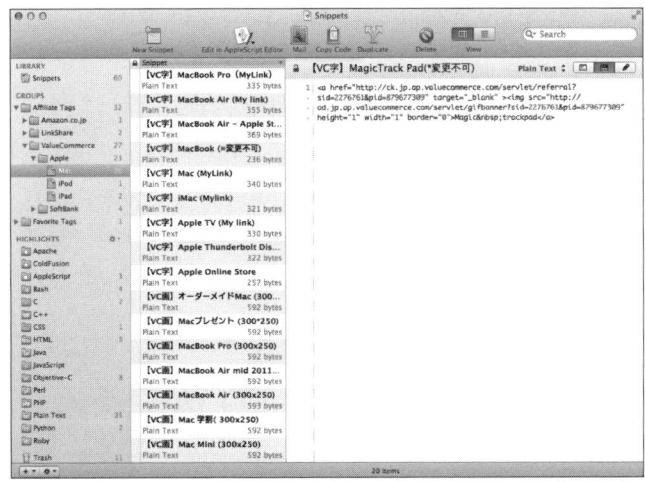

Snippets

Snippetsが提供する、Mac用のコード入力補助アプリ。39.95ドルで提供元のサイトから購入できる他、30日の無料試用ができる

http://www.snippetsapp.com/

Snippetsでアフィリエイトのタグを管理すれば、さらにすばやくタグを貼りつけ、作業を高速化できます

こんな結果が出る！

1　よく使うタグをEvernoteにためておくことで再利用しやすくなり、タグの作成の手間を軽減できる

2　アフィリエイトに関連するブログの記事をリズミカルに書けるようになり、収入を得る機会を逃さなくなる

94 商品の紹介リンクは、読者の利便性を考えて設置する

クリックされやすい、売れやすい紹介リンクとは、どのようなものでしょうか？読者にとって使いやすいリンクであることが重要です。

読者にとってわかりやすいリンクにする

記事中に商品の紹介リンクを設置するときは、その見せ方ひとつで、クリック数や売れ行きが大きく変わります。効果的な紹介リンクの見せ方を考えてみましょう。

紹介リンクは文章から離して（段落を改めて）、テキストで商品名があり、すぐそばに画像がある、というのが、基本的なわかりやすい形です。

そのうえで、商品名や画像からリンクするだけでなく、「ショップの詳細ページを見る」や「Amazonで見る」といったキーワードリンクをしていると、さらに親切で、日常的にブログを読み慣れている人以外にもわかりやすくなります。

例えば、Amazonアソシエイトで作成できる「ライブプレビュー」

Amazonアソシエイトで作成する❶ライブプレビュー。ショップへリンクすることを明示する言葉があると、わかりやすくなります

タイプのリンクは、[Amazon.co.jpで買う]というアイコンがついていて、わかりやすいです。ただし、ライブプレビューはインラインフレームなので、検索エンジンのクローラーに対して、紹介リンク部分がブログのコンテンツだと判断してもらえません。テキストや画像によるリンクと、記事中で併用するようにしましょう。

操作の手間も考えてリンクを設置する

長い記事の場合、紹介リンクを記事の上部に設置するか、下部に設置するかで悩むことがあります。このときの正解は「両方に設置する」です。書き手としては、しつこいかな？ と思うこともありますが、両方にあれば、誰にとっても利用しやすくなります。

上だけでは、最後まで読んで商品が気になった読者に上までスクロールしてもらわなくてはいけません。下だけなら、ショップの情報を先に見たい人がやきもきするかもしれません。また、下まで読む前に検索して別のサイトに行ってしまうかもしれません。

記事の上部では最初の紹介として、下部では記事のまとめと合わせて、商品の紹介リンクを設置しましょう。[するぶ]

❶和洋風◎での紹介リンク。テクニック92で紹介したカエレバを利用して、記事の最初と最後に加え、商品情報をまとめた部分にも設置しています

こんな結果が出る！

1 十分な情報を提供し、商品の紹介だとわかるようにすることで、紹介リンクを安心してクリックしてもらえる

2 長い記事では上部と下部の両方に紹介リンクを設置すれば、誰にとってもクリックしやすくなる

95 アクセス解析で検索キーワードを調べ、売れそうな商品を探す

検索キーワードから、読者の欲求を知ることができます。アクセス解析のデータをチェックして、読者が何を求めているかを考えてみましょう。

検索キーワードから読者のニーズがわかる

Google Analyticsで検索キーワードを見ると、読者がどのような情報を求めていたかがわかります。例えば「iPhone ケース」で検索した人は、iPhoneケースについて知りたかったはずです。

これがアフィリエイトのヒントになります。まずは「iPhone ケース」で検索した人がどの記事にアクセスしたかを調べましょう。Google Analyticsのキーワードに関する検索サマリーを表示して[セカンダリディメンション]の[選択▼]-[トラフィック]-[ランディングページ]をクリックすると、その検索キーワードでどのページがアクセスされたかがわかります。

アクセスされた記事では、何かアフィリエイトで商品を紹介しているでしょうか？ 何も紹介していなかったらもったいないことで

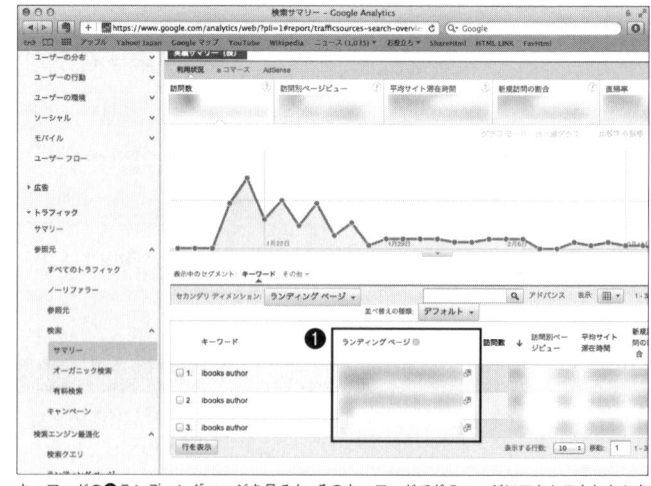

キーワードの❶ランディングページを見ると、そのキーワードでどのページにアクセスされたかを知ることができます

す。興味を持ってもらえそうな商品の紹介リンクや、ちょっとした紹介文を追加してみましょう。

記事ごとにキーワードを調べられる

どの記事が、どのようなキーワードで検索されているかも調べることができます。Google Analyticsで任意のページの情報を表示して、[セカンダリディメンション]の[選択▼] - [トラフィック] - [キーワード]をクリックすると、そのページがどのようなキーワードで検索されたかがわかります。

ここで、記事を公開したときに紹介した商品と、キーワードから推測できる商品が合わないようだったら、他の適切な商品に入れ替えましょう。このようにキーワードを調べて紹介リンクを作るのは地味な作業ですが、キーワードを調べることは、紹介する商品のヒントになるのと同時に、記事でどのような情報を伝えるとよかったのかを考えるヒントにもなります。これは、今後の記事を書くときの参考として役立つのです。 するぷ

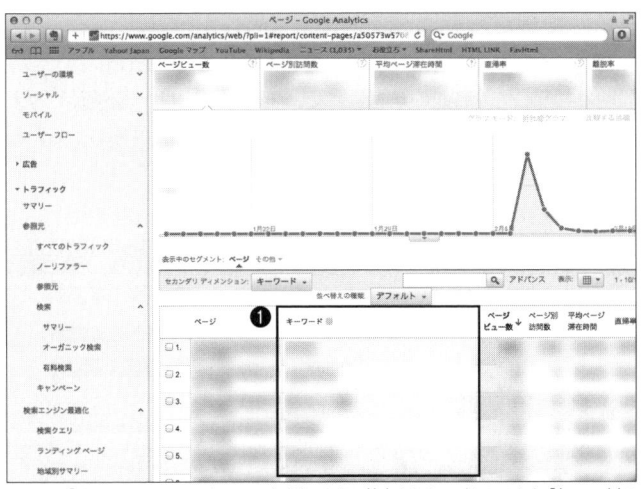

ページの❶キーワードからは、そのページがどのように検索されたかがわかります。「(not set)」は検索以外でのアクセスを表します

こんな結果が出る！

1 | 検索キーワードから、記事で商品を紹介するときのヒントが得られる

2 | 記事ごとの検索キーワードを調べることで、適切な情報の提供や、商品の紹介ができているかを確認できる

96 商品が売れる記事を分析して「響いた言葉」は何だったのかを考える

商品がよく売れる記事があったら、その記事を分析して、なぜ売れるのかを考えてみましょう。新たな売れる記事を書くヒントが得られます。

‖ 売れる記事の理由を分析してみよう

ブログで商品を紹介する記事をいくつも書いていると、ソーシャルメディアで話題になってアクセスが集中したり、検索エンジン経由で長く読まれ続けたりして、よく商品が売れる記事ができることがあります。アフィリエイトのレポートをよく見ていると、そのような記事の存在に気づけます。

よく売れる記事をみつけたら、売れる理由は何なのかを分析してみましょう。そのような記事は、必ずしも狙って書いたものではなく、自分でも理由がよくわからないかもしれません。

記事をあらためて読み返し、この一言が響いたのかもしれない、この説明に共感してくれたのかもしれない……と、想像力を駆使して考えてみましょう。実際には、類似の記事が他にないのでめずらしかったと

アフィリエイトでよく売れている商品があったら、その商品を紹介している記事を読み返し、書き方のコツを発見しましょう

か、たまたまタイミングがよかったというような、記事の内容以外に理由があることもよくあります。

しかし、読み返して「過去の自分はいいことを言っているな」と、新鮮な発見ができる場合もあります。特にソーシャルメディアで話題になる記事は、文章の力によるところが大きく、どこかに売れる理由がみつけられるはずです。

‖ 共感を得られる書き方のコツがみつかる

ブログを楽しんで書くこと、好きなことについて書くことは大事ですが、ひとりよがりではよくありません。商品の紹介リンクがよくクリックされ、商品がよく売れたということは、読者の共感を得られ、記事に興味を持ってもらえたことを表す指標の1つ（あくまでも1つですが）だと考えられます。

簡単な例を挙げてみましょう。写真をリサイズするアプリの紹介で「ぼくは今まで、写真のリサイズを1枚ずつやっていたので、10枚もリサイズしたら疲れてしまっていました。しかし、このアプリならば何十枚でも一瞬で終わります！」と書くと、同じように作業をしていた人は、興味を持ち共感してくれるでしょう。一方で「このアプリはリサイズ機能が便利！　しかも安い！」だけでは、共感のしようがありません。読み返して「過去の自分はいいことを言っているな」と思うような記事は、絶妙なところに共感のフックとなる言葉があることが多いものです。

では、そのフックとなる言葉は、どうして出てきたのでしょうか？実体験からの深い実感や、好きだからこそその深い観察が、そのような言葉につながることが多いはずです。また、感動や興奮がそのまま伝わる書き方がよかったという場合もあるでしょう。

一方で、あまり商品が売れなかった記事を読み返してみると、特に共感する部分のない、おもしろみのない文章になっているかもしれません。違いをみつけて、さらに共感を得られる書き方、伝え方を研究しましょう。みつけたコツは、アフィリエイトに限らず、さまざまな場面で役立つはずです。 するぷ

こんな結果が出る！

1. 売れる記事を分析し、売れなかった記事と比較することで、売れる記事を書くコツをみつけられる
2. 売れる記事を書くコツは、大事なことを伝え、共感を得るための文章術として幅広く役に立てられる

97 有料での記事執筆依頼には注意して対応する

ブログから収入を得る手段として「お金をもらって記事を書く」ということもあります。このときに、注意するべき点を解説します。

‖ 有料での記事も、ブログと同じスタンスで書く

ブログがきっかけでライティング(執筆)の仕事を依頼されることがあります。アフィリエイトではありませんが、収入を得る手段の1つになります。

ライティングにも雑誌やWebメディアなどいろいろとありますが、特に注意して対応したいのは、ブログの記事広告の依頼です。

ネタフルでは、パートナーブロガーとして参加しているアジャイルメディア・ネットワーク(AMN)から記事広告の依頼を受けると、企業を訪問して担当者にインタビューしたり、製品やサービスを試用したりして、記事を書きます。記事広告にはAMNのルールとして、記事広告であることを示すバナーを挿入することが決まっています。

記事広告は通常のブログの記事よりも大がかりになりますが、基本的なスタンスは変わりません。依頼をいただいても、興味を持て

記事広告
新聞や雑誌で、通常の記事(編集記事)と似た体裁で掲載する広告のこと。ブログでは、企業から報酬を受け取って書いた記事を指す

アジャイルメディア・ネットワーク
ブログやソーシャルメディアを通じて、企業とユーザー、消費者との会話を重視した「カンバセーショナル・マーケティング」を推進する企業。パートナーブログへの広告配信や、セミナーなどを実施している

http://agilemedia.jp/

ネタフルでの記事広告。AMNのルールにより、❶記事広告であることを表すバナーを掲載しています

ないものはお断りすることもあります。

　記事の公開前に企業からチェックを受けることもありますが、あくまでも事実誤認などがないかのチェックのみで、ぼくの意見や感想について修正を求められることはありません。このような書き方が、個人のブログに掲載してブログの読者に読んでもらう記事としては、もっとも高い広告効果を発揮できるはずです。

記事広告で気をつけるべき3つのポイント

　このように、AMNでは記事広告の重要なルールについて決めています。あなたが初めての相手から記事広告の依頼を受けたときには、次の3つを確認しましょう。

　1つ目は、記事の内容とスケジュールと原稿料。依頼の基本的な情報です。テクニック69でも解説しましたが、興味の持てない依頼は、受けても苦しくなるだけです。ましてお金がからむと、難しいことが増える可能性があります。興味があっても無理のあるスケジュールや、安すぎる原稿料の場合はお断りしたほうがいいでしょう。いくら通常の記事と同じスタンスで書くと言っても、依頼をいただいて書くことには、特別な緊張感があります。タダの方が気楽でいいと思えることもあるでしょう。

　2つ目は、企業側からどのようなチェックが入る可能性があるか、です。雑誌などの記事広告では、雑誌の意見のような形で企業のPRがされることもあり、ブロガーの意見もコントロールできるのが常識だと考えている依頼主もいます。「ブロガーの意見や感想は尊重する」と明言してもらえると安心できます。

　そして3つ目は、記事広告であることを明示していいか、です。「記事広告であることは隠して、通常の記事として掲載してほしい」と依頼されることもあるようですが、それではステルスマーケティングになってしまいます。

　読者との関係を大切にするためにも、記事広告は記事広告だと明示することが必要です。信頼を築くのには時間がかかりますが、崩れ去ってしまうのは一瞬のことです。　[コグレ]

こんな結果が出る！

1 | 記事広告も通常のブログと同じスタンスで書くことで、最高の広告効果を発揮できる

2 | 依頼を受けるときに書き方や広告であることの表示について確認しておくことで、トラブルを避けられる

98 デザインと広告の バランスを取るため、 納得できる方針を決める

デザインを追求すると広告が入れられなくなります。しかし収入を考えると必要です。自分の中で方針を決めて、バランスを取ることが大事です。

▌デザインと広告の難しいバランス

　さまざまなアフィリエイトを試す中で、ある矛盾が気になり、迷ってしまうことがあります。美しいデザイン、かっこいい見せ方を追求するならば、広告はないほうがいいです。広告は収入のために必要ですが、どうしても野暮ったく見えてしまいます。あまり広告が目立つと、記事よりも広告を重視したブログのように感じられ、気になりだすと広告をすべてはずしたくなってくることもあります。

　ブログの中でどれくらい広告を許容するか、デザインとどのようにバランスを取るのかは、実に難しい問題です。例えば、ブログの中のよく目につく場所（記事本文の上など）にコンテンツ向けAdSenseを設置してみると、初めての人はおどろくほどにクリック率が上がり、収入が増えます。

　読みやすさを重視して、このような場所には広告を設置しないというポリシーの人もいますが、試してみると、心がちょっと揺れます。他のブログの広告をあらためて見てみると、意外とみんな目につく場所に設置しているなと気づいたり、自分のブログの広告を何度も見ていると目が慣れてきて、これもいいのでは……？　と思えてきたりもします。

▌どのように広告を使うかは、自分で方針を決める

　デザインか、広告（収入）かのバランスは、ぼく自身もずっと葛藤し、試行錯誤を続けています。広告によってデザイン性がある程度損なわれてしまうのはしかたがないとして、できるだけ違和感のないように広告を入れ、収入を得たいものです。

　しかし、収入だけを追求して、なりふり構わず広告を設置しては、記事の説得力が失われ、読者が離れてしまいます。ブログのデザイン、広告の見せ方としては、読者に気持ちよく（違和感なく）記事を読んでもらうことが、もっとも大事です。

どれくらいの広告ならば気持ちよく読んでもらえるのか、というのは、元のデザインや、ブログのテーマ、書き手の属性によっても多少変わります（例えば学術的なテーマのブログに俗っぽい広告がたくさんあっては、違和感が出てしまいます）。また、昨今ではブログに広告があることに、あからさまな拒否感を持つ人は少なくなってきていると感じます。

　そうした中で、他の人気のブログを見て「どのくらいの広告が受け入れられているか」という一般的な加減をさぐりつつ、最後は自分の美意識、またはこだわりで方針を決めましょう。

　「広告は3つまでにしよう」とか「写真をよく見てもらいたいから画像の広告は使わないでおこう」といった方針が決まれば、デザインも決めやすくなります。和洋風◎では、できるだけ邪魔にならないよう「ページのパーツと広告のサイズをフィットさせよう」ということを常に意識しています。方針に沿ったデザインで、ページビューを増やしていくことで、気持ちよく読んでもらいながら最高の収入を狙えるようになります。 するぷ

Column

‖ 広告の効果について感覚をつかもう

　アフィリエイトを始めたばかりのときは、どのような広告をどこに置いたら、何ページビューで何円ぐらいの収入になるか、まったく見当もつきません。また、広告の種類や場所を変えたら、ページビューが増えたら、といった要因でどのように変動するのかも想像できません。230ページのコラムでも書いていますが、ぼくが最初のブログを書いていたときには、サイドバーに小さなバナーを1つ設置しただけで、デザインの工夫や効果測定も特にしておらず、収入は微々たるものでした。まずは、いろいろと広告の種類や場所を試して、どれくらいの収入になるのか、感覚をつかんでみましょう。例えば「この場所は収入になるな」とか「この場所のバナーは目立つわりにクリックされないから、なくてもいいな」といったことがわかってきて、方針も具体的に決められるようになります。

こんな結果が出る！

1. 広告とデザインのバランスについて方針を決めることで、デザインの迷いがなくなる
2. 方針を決めたデザインでページビューを増やす努力をすることで、自分のブログでの最高の収入がめざせる

99 変化を先取りして広告の入れ替えやデザインの模様替えをする

最初は効果的だった広告も、時間とともにクリック率が落ちていくものです。模様替えを楽しむ気持ちを持って、変化を先取りしましょう。

▍どんな広告も、読者が慣れると効果が落ちる

ブログの広告に「これが絶対的な正解」と言えるやり方はありません。設置したときは、クリック率が高いすばらしい広告だったとしても、やがて読者が見慣れてくると、だんだんクリック率が落ちていきます。

また、読者の環境の変化によって、広告の見られ方やクリックのされ方が変わることもあります。最近ではスマートフォンの登場が大きな変化の要因ですが、パソコンの標準的なモニターのサイズの変化や、新しい技術の登場によっても、デザインのトレンドが変わったり、広告のあり方が変わったりします。

つまり、ブログの広告もデザインも、ずっと変化しないでいるわけにはいきません。少しずつ広告のクリック率が落ちていくのをただ見ているのではなく、自分から変化を起こし、それを楽しむことが大切です。ブログを書き続けることが大切なのはもちろんですが、半年に1回ぐらいでもかまいません。少し時間を取って、広告やデザインのメンテナンスをしましょう。

▍さまざまなデザインを試し、ノウハウをためよう

和洋風◎では、広告のクリック率が落ちてきたり、デザインに関して刺激を受ける記事を読んだりするたびに、少しずつデザインの変更や、広告の場所の移動、掲載する広告の入れ替えなどをしています。そして、3日〜1週間ほどの期間、アクセス解析やアフィリエイトのレポートを見てみます。

その結果、かえって広告のクリック率が落ちてしまうこともありますが、そのときは「このやり方は効果的ではない」ことがわかりノウハウが蓄積できたと考えて、元のデザインに戻します。

テクニック98では、デザインと広告のバランスについて方針を決めることを解説し、和洋風◎では「ページのパーツと広告のサイズを

フィットさせる」ことを意識していると書きました。何かしらの方針があれば、どのような方向で試行錯誤すればいいかが明確になります。

そして、方針に沿って試行錯誤した結果のデザインや広告に関するノウハウがあると、変化にも対応しやすくなります。「模様替え」を楽しむ気持ちで、ノウハウを蓄積しましょう。 するぷ

和洋風◎では、コンテンツ向けAdSenseの広告ユニットに合わせてサイドバーのサイズを決め、そのサイズの中でデザインを試行錯誤しています

Column

‖ 広告がフィットするようにデザインを変えていく

現在、和洋風◎のサイドバーの幅は338ピクセルですが、これは、広告ユニットの「レクタングル(大)(336×280ピクセル)」がぴったりと入るサイズです。できるだけサイドバーに異物感がないように(同時に効果的な広告が設置できるように)、広告ユニットに新しいサイズが登場するたびに試してきました。一方で本文のコラムの幅は512ピクセルですが、こちらは広告ユニットのサイズよりも、本文の読みやすさや全体として幅が広くなりすぎないことを考慮し、バランスを取って決めています。

こんな結果が出る!

1 | 変化にいち早く対応し、デザインや広告の使い方を試行錯誤することで、最適な使い方をみつけられる

2 | デザインや広告に関するノウハウを持っていると、広告のクリック率が落ちてきたときなどに的確な対応が取れるようになる

100 アフィリエイトの収入を確定申告する

アフィリエイトの収入は、毎年確定申告をしましょう。そのために重要なポイントをまとめます。

⦀アフィリエイトでも確定申告は大切

アフィリエイトで収入を得たら、所得税の確定申告をしましょう。お金を稼いでいることを実感し、気持ちを引きしめることができます。それに、うれしい還付金を得られることもあります。

以下に、確定申告のポイントを解説しますが、税理士の方や税務署の職員の方に相談したときには、解釈がやや異なる答えをされることもあります。ここでは、できるだけ慎重な解釈で（ごまかし、所得隠しなどと解釈されないように）解説します。

確定申告とは、簡単に言うと、収入（得たお金）と経費（収入を得るためにかかったお金）、そして年間の所得（収入-経費の額）がいくらだったかを申告する手続きです。例えば、1年間で10万円を稼いだブロガーが、そのための経費として15万円がかかったとすれば、所得は0円、所得税も0円となります（マイナスにはなりません）。所得が0でない場合には、所得税を納める必要があります。

確定申告は、アフィリエイトで収入を得たブロガーすべてが行うべきです。中でも、給与所得を得ていて、年間のアフィリエイト収入が20万円を超える人、学生や主婦など誰かの扶養家族になっていてアフィリエイト収入が38万円を超える人は、必ず行わなければいけません。それ以下の額でも、アフィリエイトの報酬から源泉徴収がされている場合は、還付を受けられる場合があります。

ここでいう「アフィリエイト収入」とは、オンラインショップのポイントで支払われるものも含みます。どれだけのポイントが支払われたか、自分で集計して確定申告することになります。

一方で経費は、ブログのレンタルサーバー、ドメインサービス代、モバイルWi-Fiルーターの料金などがあたります。また、参考にした書籍、レビューのために購入したCD、DVD、取材のための交通費なども、経費として認められます。なお、こうした経費を使ったことを証明するために、領収書が必要になります。なくさないでためてお

きましょう。

領収書から1年を振り返ろう

年間10万円ぐらいのアフィリエイト収入のブロガーならば、レンタルサーバーや通信費関連の経費を足すだけで、たいていは収入を上回ってしまうでしょう。

ブログで生計を立てられるほど稼ぐのは、そう簡単ではありません。しかし、何もしていなければ得られなかった10万円があったおかげで、ブログのネタとして何かが買えたり、おもしろいことができたりして、それが仲間との出会いにつながることもあったのではないでしょうか。

領収書を整理すると、1年間の活動をお金の動きを通じて振り返り、今年はあれを買えるくらい稼ごう、経費を節約しよう、などと目標をみつけることもできます。確定申告をいい振り返りの機会にもしましょう。 [するぷ]

Column

具体的な手続きについては税務署で相談しよう

確定申告を実際に行うときには、まず税務署で相談してみましょう。税理士の方は税金に関するもろもろの手続きを代行してくれ、相談にも乗ってくれますが、お金がかかります。数十万円程度までの収入では書類作成もさほど複雑ではないはずなので、自分でやりましょう。税務署は決して怖いところではありません。税金を取れるだけ取るのが仕事というわけではなく、適切な方法について、きちんと教えてもらうことができ、もちろん無料です。所得税の確定申告は毎年3月の中旬ごろが締め切りとなりますが、1月ごろから、税務署では確定申告に関する相談受付に力を入れ始めます（相談そのものはいつでも可能です）。3月に入ると混雑するので、初めて確定申告をするときには、1～2月の早い時期に最寄りの税務署に行き、「インターネットのアフィリエイト収入があるので確定申告をしたい」と相談しましょう。

こんな結果が出る！

1 アフィリエイト収入の確定申告をすることで、必要以上に税金を納めずにすむ。還付金を受け取れることもある

2 確定申告を機に1年のお金の動きとブログの活動を見直し、新しい目標をみつける機会が得られる

Column

‖ 和洋風◎は再挑戦のブログ

　ぼくがブログを始めたのは2003年の中ごろで、ちょうどコグレさんと同じころでした。当時はゲーム情報のブログを書いていて、毎日修行でもしているかのような勢いで、何時間もかけてたくさんのニュースを紹介し、多いときで1日2万ページビューぐらいになったこともあります。しかし、当時は収入を得るという考えはなく、Google AdSenseを一応使ってはいたものの、サイドバーにバナーを1つ設置しただけで、収入は微々たるものでした。

　その後、ブログの書きすぎがたたったのか体を壊して入院することになり、いったんブログに飽きてしまいました。その後、2005年に再びブログが書きたくなり、和洋風◎を始めます。以前の反省から、和洋風◎では「無理をしない」ことをポリシーにしています。

‖ ブログで食べていくためにネタフルを徹底研究

　2006年、ネタフルのコグレマサトさんがブログの収入だけで生活していると知り、全身に電撃が走るような衝撃を受けました。ぼくも当時、漠然と「Webだけで食べていければ……」と思ってはいましたが、まさかブログを書くだけで食べていくことができるとは、考えたこともありませんでした。おどろくと同時に「ぼくもいつかブログで食べていけるようになりたい！」と強く思うようになります。当時の和洋風◎はそこそこのアクセスと収入もあったので、これを続けていけばできる、という自信もありました。

　それから、ネタフルを研究する日々が始まりました。広告の配置やデザインから、記事の書き方、HTMLの書き方まで細かく研究し、それを取り入れるようになってから、アクセスと収益が確実に増えていきました。

　ネタフルのお家芸ともいえる大量の更新に挑戦しようと、1日に記事を10本書こうとしたこともありましたが、これは3日と続けられずに断念しました。先輩の「まね」から入ることの重要さを学びましたが、同時に、まねられない領域もあることを知ったわけです。

　研究の成果もあって、和洋風◎を開設から3年で、会社をやめてもブログだけで食べていけるほどの収入が得られるようになりました。その後、2010年にブロガー仲間を求めて福井から上京するのですが、Twitterを介して、コグレさんや多くのブロガーのみなさんと知りあえていたことが、上京を決断する大きな理由になりました。Twitterありがとう！

‖ ブログは自分の可能性を広げるメディア

　それから今日に至るまで、ぼくは東京でもブログを書き続けています。同時に、本を書いたり、水樹奈々さんのライブレポートをしたりと、新しい経験もできました。

　ブログは自分の好きなことを書けるメディアですが、同時に、自分の可能性を広げてくれるメディアでもあります。体験した（好きな）ことを書き続けていると、あるときに、1人ではちょっとできないような、特別な体験の機会をいただけることがあります。本の執筆やライブレポートのほかにも、Web媒体でのインタビューや、雑誌で紹介をしていただいたこともありました。そのようなときに、なぜ声をかけていただけたのかと聞いてみると、たいていはブログの記事を読んだのがきっかけで、と言っていただけます。

　ときにはネガティブな反応があってつらい気分になることもありますが、それでも、ブログ、そしてソーシャルメディアは、楽しいことのほうが圧倒的に多いと思っています。ぜひ、ブログで自分の可能性を広げることにチャレンジしてみてください。　するぷ

Chapter

05

ブロガーが
めざす
ゴールの形

ブログはいつまでも書き続けるもので、「終わり」としてのゴールはありません。しかし、当初の目的を達成する、という意味でのゴールはあります。そこに至るまでの道のりを、見通しておきましょう。

定期的に振り返りながら
ブログを成長させよう

ブログの成長を長期的な視野で振り返りましょう。そして必要な改善を行い、ページビューなどを伸ばしていくための考え方を解説します。

‖「何本の記事を書いたか」を振り返ろう

ブログを始めてから1カ月後、半年後、1年後、その後1年ごと、というように節目になるタイミングで、ブログの成長を振り返りましょう。このときのもっとも重要な指標は、ページビューやアフィリエイトの収入ではなく「何本の記事を書いたか」です。

ブログでもっとも大事なことは「書き続ける」ことだと何度も繰り返していますが、それがきちんとできているかを確認するには、記事の本数を数えることがいちばんです。

毎日1本の記事を1カ月間書き続ければ、30本の記事が書けているはずです。始めてから300本ほどの記事を書いたら、毎日の中での時間の使い方やツールの使い方、ネタの探し方など、ブログを書くスタイルが固まってくるはずです。

ページビューやアフィリエイトの収入は、さまざまな要因で増減します。しかし、書きためた記事は、決して減ることはありません。

‖さらなる成長のためには効果測定が重要

1年ほどブログを続け、360本かそれ以上の記事を書くと、自分のブログの今後の成長予想が、なんとなくついてきます。記事の積み重ねによってブログのページビューや収入は基本的に右肩上がりになるものですが、その成長具合は、ブログのテーマやデザイン、またブロガーのセンスによって、大きく異なります。

例えばブログを始めて1年で月間5万ページビュー、各種アフィリエイトを合わせた収入がおよそ1万円だという場合、1年後は単純に倍になると考えれば、月間10万ページビューで2万円ぐらいの収入になるだろう、と大まかに予想できます（もちろん伸び悩んだり、何かのきっかけで大ブレイクしたりする可能性もあります）。

そのとき、その数字で満足なのか、さらに成長させたいのなら何を改善するかを考えましょう。書く時間を増やして1日1本だったのを2本書くようにすれば、もっとページビューを増やせるでしょう。よく読まれた記事を分析し、同じテーマの記事をもっと書くことで、

1本あたりのページビューを増やす方法も考えられます。

　もちろん、今以上には成長をめざさなくてもいい、という考え方もあります。成長をめざして無理をするよりも、現状のやり方で、現状のページビューや収入で楽しめればいい、と考えるならば、それも悪くはありません。

　成長をめざすなら、改善を1つずつ行うことと、効果測定を詳細に行うことが重要です（複数を同時に改善すると、何が効果に結びついたのかわからなくなります）。記事を書く数を増やしたら予想どおりにページビューが伸びているか、収入を増やすために広告の配置を変えたら実際に収入が伸びているかなどを、毎日アクセス解析（テクニック32参照）と各種アフィリエイト（テクニック77、84、87参照）のデータを見て確認します。

　これは、ブログの運営、ブログを成長させることそのものを楽しむ感覚になります。ぼくは和洋風◎を誰よりも読んでいると思いますし、暇さえあればブログを見て、どこか修正するところはないか、どこを変えてみようかと考えています。そして、和洋風◎のデータは、細かなことまで気になります。

仲間が成長のきっかけになることも

　1人でコツコツと成長をめざす改善とは別に、ブログ仲間が成長のきっかけになったり、ブレイクのきっかけをくれたりすることがあります。

　230ページでも書きましたが、ぼくは、コグレさんと知り合う前から、ネタフルのデザインや記事の書き方を参考にさせてもらっていました。そして、上京してから同年代のブロガーであるまたよしれいさんや、OZPAさんと知り合ってからは、彼らをよきライバルとして見ることで、記事を書くことに張り合いを感じています。

　また、互いのブログで記事を取り上げたり、ソーシャルメディアで共有したりすることで、新しい読者を獲得できたり、急にページビューが伸びたりすることもあります。コラボレーション企画（テクニック68参照）をすることも効果的です。

　ブログを成長させるためだけに仲間を作るわけではありませんが、伸び悩みを感じているときには、やみくもに改善を試みるだけでなく、気になるブロガーと会ったり（テクニック67参照）、オフ会に参加したりしてコミュニケーションに力を入れてみましょう。そこから何か新しいものを得られたり、自分が持っていたものに気づいたりできることも、よくあります。　するぷ

OZPA氏

ブログ「OZPAの表4」管理人。グラフィックデザイナー、ブロガー。著書「あっという間に月25万PVをかせぐ人気ブログのつくり方」（秀和システム）

http://ozpa-h4.com/

「ブログで食べる」ことは誰にでも可能?

ブログが人気になり、仲間も収入も増えてきたら、その先には何があるのでしょうか？　大きな課題である「ブログで食べる」ことについて考えます。

マネタイズ
収益化すること。Webのコンテンツやサービスから、何らかの手段でお金が得られるようにすること

ブロガーは2つのタイプに分けられる

ブロガーは、大きく2つのタイプに分けられます。時間をかけ、濃い内容の記事を書くタイプと、1本の記事は軽く短く、それを量産するタイプです。ぼくやするぷさんは、後者にあたります。

あなたは、どちらのタイプでしょうか？　数カ月～1年ほどブログを続けていれば、気づくことができるはずです。本書の担当編集者はブロガーでもありますが、前者のタイプだと言っています。

ブログで食べていく方法も2タイプがある

ブログブームのころから「ブログで食べていく（＝プロ・ブロガーになる）ことはできるのか？」ということが、たびたび話題になります。昨今において「ブログで食べていく」ことの意味は、2とおりあると考えています。

1つは、ブログで情報発信をしながら自分のブランドを確立して、講演や執筆、その他の仕事につなげていく形です。10ページで触れた自己実現をめざす人は、こちらの形に近いことが多く、時間をかけて濃い記事を書く人が向いているでしょう。こちらの場合、主な仕事はブログを書くこと以外となる場合が多く、ブログを書いていても特に「ブロガー」とは名乗らない人もいます。

もう1つは、ブログから得られる収入で生活する、主な仕事が「ブログを書くこと」になる形です。ブログを書かないと食べていけない、ブロガー以外に名乗れるものがないという意味で、より純粋なプロ・ブロガーの形はこちらだと言えるでしょう。ぼくやするぷさんは、現在この状態にあります。これには、記事を量産するタイプの人が向いています。

ブログをWeb上でマネタイズすることだけを考える場合、現状のGoogle AdSenseなどのアフィリエイトのしくみでは、記事を量産できるタイプのほうが有利となります。

しかし、2003年にGoogle AdSenseが始まるまでは、量産した記事をマネタイズすることも困難でした。今後新しいサービスが登場することで、また新しいしくみができるかもしれません。今、自分の

書き方ではブログで食べていくのは難しいのかもしれないと思っている人も、書き続けることが好きならば、いつかチャンスが来ると信じて続けてみてください。

自分のメディア「俺メディア」を持つ楽しみ

　最近「ブログからどうやって収入を得るの？」といった質問をいただく機会が増えています。「プロ・ブロガー」のイメージはなかなかつかめないようですが、興味のある人は多いようです。

　ブロガーは自分で自分のメディア、まさに「俺メディア」を持ち、自分の興味にもとづいて記事を書きます。旅行に行けばそれがネタになり、おいしいものを食べたらそれもネタになり、買い物をしたら、それもネタになります。とてつもなく自由です。

　そして、記事にはソーシャルメディアでリアルタイムかつダイレクトに反応をもらうことができます。プロ・ブロガーとして生きることのよろこびは、自分の体験が何でもネタになり、それを書くことで他の人の役に立てたり、誰かによろこんでもらえたりするところまでを直接見られることにあります。

　ぼくは昔ミュージシャンにあこがれていましたが、ブロガーは、自作の曲をライブハウスで演奏しているバンドのようなものだと思うことがあります。ただし、ステージはライブハウスではなくインターネット全体で、音楽ではなくブログで、自分自身の体験や考えをもとに書いたことを伝えていきます。そして、みんなの反応を受け止め、声をかけ合うこともできます。こんなにおもしろい体験のできる場は、なかなかありません。

　言うまでもありませんが、自分のメディアを持つことは、プロ・ブロガーでなくてもできます。ただ、メディアからの収入がない場合、その活動は「完全持ち出し」となり、なかなか続きません。現に昔の「ホームページ」の多くが、更新を停止してしまっています。

　しかし、今はマネタイズの手段があり、毎月1万円を稼げれば1万円分、5万円ならば5万円分、活動にコストをかけられ、長く続けることができます。そしてプロ・ブロガーになれば、それをフルタイムの仕事にもできます。

　ブロガーにとって大切なのは、続ける力——継続力です。本書では、あなたがブログを続けやすくするために「仲間」と「収入」を得るテクニックを紹介してきました。本書のテクニックによってあなたの継続力が高まり、ブロガーとして長く書き続けられることを願っています。　コグレ

Column

‖ すぐには身につかないブログの「センス」

　ブログを書くときに重要になる能力には、感覚的で言葉にしにくい「センス」に属するものと、本書で紹介している、言葉で伝えやすい「テクニック」に属するものがあります。

　あちこちのブログを読んでいて、「この人の文章にはかなわないな」「この人の写真はとてもまねできないな」と思うことは、しばしばあります。そうしたセンスのあるブログはあっという間に人気ブログになってしまうものです。少しまねをしようとして挫折したこともありますし、自分のセンスのなさに絶望的な気分になったこともあります。「どのようなネタを紹介するか」というネタ選びのセンス、「どのように伝えるか」という文章のセンス、そして写真やデザインのセンスなどは、まねようとしてまねられるものではありません。

　そのようにして、今まで10年近くブログを書き続けてきて思うのは、センスは一朝一夕に身につくものではないということと、書き続け数をこなすことで、センスはおのずと磨かれていくということです。

‖「誰かのようなセンス」を身につける必要はない

　2006年に「ブログ合宿」として、10人ぐらいの仲間でロッジに泊まり、ひたすらブログを書いたことがあります。メンバーの中には、この人のセンスにはかなわないな、と常々思っていた人もいました。そこで目にしたのは、十人十色のブログ術でした。一気に書き上げる人、考えながら少しずつ書く人、本を読みながら書く人など、書く方法が違うのは当然ながら、座って書く人や寝そべって書く人などと、書くときの姿勢もさまざまでした。

　そうした中で、ぼくは、特定の誰かのようになりたいと思うのは、あまり意味がないのだなと感じました。へたでも、今のやり方を続けていくことで自分だけのスタイルに磨きをかけ、みんなと並ぶことが大事だろう、と考えたのです。

　ライバルを意識することでセンスが磨かれるということでは、このような経験をしたこともあります。ONEDARI BOYS（テクニック68参照）の活動で製品やサービスのレビューをみんなで書くときには、内容がかぶらないように気を使います。というよりも、「他のメンバーに負けたくない」というライバル心がむき出しになると言ったほうがいいかもしれません。その結果、あるメンバーは動画に力を入れ、あるメンバーは考察に力を入れ、またあるメンバーはスピード勝負で書きまくる、といった具合に、それぞれの得意な方向性をみつけ、磨きをかけていくことができました。

‖ センスを磨く近道もある

　一方で、誰か先輩がいたならば、「誰かのまねから始める」ことは、センスを磨く近道となります。ブログ初心者で右も左もわからないという人は、お気に入りのブログの文章の書き方や写真の撮り方をまねてみるのもいいでしょう。それを1年、2年と続けていくうちに、自分の中で消化され、自分流が確立していくはずです。

　するぷさんは、記事の書き方やデザインや、広告の使い方について、ネタフルのまねをしていた時期があったそうです。初めて彼とじっくり話したときにそう言われて、とてもうれしく思いました。自分が暗中模索の状態でやっていたことが、誰かに継承され、役に立っていたのだとわかったためです。もちろん、彼はもうネタフルのまねを卒業して、独自の手法を確立しています。今の和洋風◯を見て「ネタフルみたいだ」と感じる人はいないでしょう。　コグレ

索引

●記号、数字、アルファベット

.htaccess	179
1password	054
A8.net	205
Adobe Photoshop	063
AdSense Publisher Toolbar	186
Amazon Quick Affiliate	191
Amazonアソシエイト	188
Amazonおまかせリンク	194
アソシエイトID	197
アソシエイトツールバー	190
ウィジェット	191
支払い方法	189
トラッキングID	197
ライブプレビュー	216
レポート	196
Analytics App	094
AppHtml	207
AppStoreHelper	206
Autopager Chrome	054
bingagain	115
ChartBeat	092,095
Chromeウェブストア	054,186
dlvr.it	122
Double Click for Publishersスタンダード	210
Dropbox	072,076
Evernote	072,214
Eye-Fi	057
Facebook	106
Facebookコメント	130,132
Facebookページ	126
Share on Facebook	143
いいね！ボタン	121
エゴサーチ	115
スマートフォンアプリ	155
ソーシャルプラグイン	136
Fans:Fans	165
FavHtml	053
FBLkit	134
FeedBurner	179
Flickr	060,067
foursquare	146,161
gAnalytics	094
Google AdSense	172
Google Analyticsとの連携	184
URLチャネル	183
カスタムチャネル	175
検索向けAdSense	176
代替広告	181
パフォーマンスレポート	182
フィード向けAdSense	178
不適切な広告	180
プログラムポリシー	173
Google Analytics	086
リアルタイム	088
Google Chrome	054
Google+	
+1ボタン	121
Google+ページ	138
Share on Google Plus	143
エゴサーチ	115
Googleアラート	112
Googleトレンド	029
Googleブログ検索	112
Googleリーダー	022
gooランキング	026
HyperJuice	069
Instagram	159
Instapaper	030
iTunes Store	204,206
Jing	058
Jota Text Editor	076
Keyconfig	054
Klout	116
Kurrently	115
LaterBro	150
LinkWithin	084
Live!Ads	208
Make Link	050
MarsEdit	044,046
miil	159
mixiページ	138
Movable Type	015
iPhoneテンプレート for MT	082
個人無償ライセンス	074
スマートフォンオプション for Movable Type	074
Name Mangler	065
NAVERまとめ	026
ONEDARI BOYS	163
Photo editor online	062
PhraseExpress	049
Reeder	022
ResizeIt	065

	RSS Graffiti	128	クローラー	090
	SEO	032	公衆無線LAN	071
	ShareHtml	052	コラボレーション	162
	SimpleReach	084	コンテンツマッチ	170
	Skitch	065	**サ** シェアして♪ガジェット	148
	Snippets	215	紹介リンク	170
	TextExpander	048	ステルスマーケティング	164
	TextForce	076	するぷろ	078
	Togetter	026	成果報酬	174
	Topsy	124	ソーシャルメディア	008
	Twitter	106	**タ** 釣り	035
	RT（リツイート）	106	動的広告	170
	Share Bookmarklet	143	ドメイン	014
	エゴサーチ	114	**ナ** ネガティブな記事	042
	スマートフォンアプリ	154	ネタフルメソッド	043
	ツイートボタン	121	ノマドブロギング	068
	トレンド	028	**ハ** パーマリンク	012
	TypePad	016	はてなブックマーク	106,140
	Visits	089	バリューコマース	205
	Wibiya	146	フィード	022
	WordPress	015,016,074	ブックマークレット	050,052
	｜Wptouch	082	プロ・ブロガー	234
	xefer Twitter Chart	150	ブロガー名刺	118
	XML-RPC	045	ブログ	008
	XnView	065	ブログ画像ゲッター	192
	Yahoo!オークション	205,208	ページビュー	010
	zenback	144	ホームページ・ビルダー	045
	Zoundry Raven	044,047	**マ** マクロ	056
ア	アイキャッチ	039	まとめ	026
	アイコン	108	メールマガジン	024
	アカウント名	108	モバイルWi-Fiルーター	070
	足成	066	模様替え	226
	アジャイルメディア・ネットワーク	165,222	**ヤ** ヨメレバ	212
	アフィリエイト	011,170	**ラ** 楽チンリンク作成	200
	ウェブマスターツール	090	楽天アフィリエイト	198
	エゴサーチ	112,114	支払い方法	198
	炎上	042,131	成果レポート	202
カ	カエレバ	212	ブログパーツ	201
	確定申告	228	楽天モーションウィジェット	201
	記事広告	222	楽天キャッシュ	198
	記事の修正	040	リンクシェア	204
	喫茶室ルノアール	071	レンタルサーバー	014,016
	キャッチコピー	110	ログ	008
	キュレーション	026		
	クリエイティブ・コモンズ・ライセンス	039,067		
	クリック報酬	174		

著者プロフィール

コグレマサト (@kogure)

気になるモノとコトをひと回り拡張する『ネタフル（月間150万PV）』管理人。1972年生まれ。アルファブロガー 2004 ／ 2006、第5回Webクリエーションアウォード Web人ユニット賞受賞。浦和レッズサポーター。二児の父。「月刊浦和レッズマガジン」（フロムワン）で「コグレマサトのネタフル・スタジアム改」連載中。著書に『できるポケット＋ Dropbox』『マキコミの技術』（共著：インプレスジャパン）、『ツイッター 140文字が世界を変える』（共著：毎日コミュニケーションズ）『クチコミの技術』（共著：日経BP社）、『"知りたい情報"がサクサク集まる！ネット速読の達人』（青春出版社）など。

ネタフル
http://netafull.net/

するぷ (@isloop)

「Apple」「水樹奈々」「食べ歩記」を3本柱にしたブログ「和洋風◎（月間100万PV）」管理人。1984年生まれ。ブログのネタ探しに、福井より2010年に上京。毎日、都内のカフェでブログを書きながら生活している。2010年からプログラミングを始めて、「するぷろ for iPad」でiPhone & iPadアプリ大賞2010の尾田和美賞、「するぷろ for iPhone」でiPhone & iPadアプリ大賞2011のギズモード・ライフハッカー賞を受賞。共著に『できるポケット＋ Dropbox』（インプレスジャパン）がある。

和洋風◎
http://wayohoo.com/

コグレアイコン制作：ナンシー小関

STAFF

カバーデザイン	工藤雅也(primary inc.,)
本文フォーマット&デザイン	工藤雅也(primary inc.,)
本文DTP	山口 勉(primary inc.,) 岡田陽子(primary inc.,)
編集	山田貞幸〈yamada@impress.co.jp〉
制作	高橋結花〈takah-yu@impress.co.jp〉 鈴木 薫〈suzu-kao@impress.co.jp〉
編集長	田松三鈴〈tamatsu@impress.co.jp〉

●造本には万全を期しておりますが、万一、落丁・乱丁がございましたら、送料小社負担にてお取り替え致します。お手数ですが、インプレスカスタマーセンターまでご返送ください。

●本書の内容に関するご質問は、該当するページや質問の内容を明記のうえ、「『必ず結果が出るブログ運営テクニック100』質問係」宛に封書(返信用切手をご同封ください)にてお送りください。電話やFAXでの質問には対応しておりません。また、以下の質問にはお答えできませんのでご了承ください。
・本書で解説している範囲を超えるご質問
・本書で紹介したハードウェアやソフトウェアの使用法、および不具合等に関するご質問

●本書の利用によって生じる直接的または間接的被害について、著者ならびに弊社では一切の責任を負いかねます。あらかじめご了承ください。

■商品のご購入に関するお問い合わせ先
インプレスカスタマーセンター
〒102-0075　東京都千代田区三番町20
電話　03-5213-9295
FAX　03-5275-2443
info@impress.co.jp

■書店・取次様のお問い合わせ先
出版営業部
〒102-0075　東京都千代田区三番町20
電話　03-5275-2442
FAX　03-5275-2444

必ず結果が出るブログ運営テクニック100
プロ・ブロガーが教える"俺メディア"の極意

2012年3月21日　初版発行
著　者　コグレマサト・するぷ
発行人　土田米一
発　行　株式会社インプレスジャパン An Impress Group Company
　　　　〒102-0075 東京都千代田区三番町20
発　売　株式会社インプレスコミュニケーションズ An Impress Group Company
　　　　〒102-0075 東京都千代田区三番町20

本書は著作権法上の保護を受けています。
本書の一部あるいは全部について(ソフトウェア及びプログラムを含む)、
株式会社インプレスジャパンから文書による許諾を得ずに、
いかなる方法においても無断で複写、複製することは禁じられています。

Copyright © 2012 Masato Kogure and isloop. All rights reserved.
印刷所　日経印刷株式会社
ISBN978-4-8443-3177-3 C3055
Printed in Japan

読者アンケートにご協力ください
登録カンタン！費用も無料！
CLUB impress
http://www.impressjapan.jp/books/3177
上記URLより[読者アンケートに答える]をクリック。回答いただいた方の中から、毎月抽選でVISAギフトカード(1万円分)や図書カード(1,000円分)などをプレゼントいたします。当選は賞品の発送をもって代えさせていただきます。